Jim Aspinwall：PC Mods for the Evil Genius

ISBN：0-07-147360-2

Copyright © 2007 by The McGraw-Hill Companies，Inc.

Original language published by The McGraw-Hill Companies，Inc. All rights reserved. No part of this publication may be reproduced or distributed by any means，or stored in a data base or retrival system，without the prior written permission of the publisher.

Simplified Chinese translation edition jointly published by Science Press and McGraw-Hill Education(Asia)Co.

著 者 简 介

Jim Aspinwall，著有多部和 PC 相关的图书，是 CNET 站点"Windows Helpdesk"专栏作家，*PC World* 杂志的知名作者。他的文章曾经入选 2005 年 3 月刊和 8 月刊的封面。他的日常工作是负责全球数千台个人电脑的软硬件配置、升级和一般维护。Jim 还是一个业余的无线电操作员、电子技术专家和经过美国劳工部职业安全卫生监察局(OSHA)认证的塔攀人员，他维护着位于加利福尼亚北部的许多无线电基站。他的主要著作包括：*Installing，Troubleshooting，and Repairing Wireless Networks* (McGraw-Hill，2003)、*PC Hacks* (O'Reilly，2005)、*IRQ，DMA and I/O* (MIS Press，1995)和若干个版本的 *Troubleshooting Your PC*(MIS Press，1994)。现居美国加利福尼亚州的 Campbell 市。

图解电子创新制作

改变生活的电脑创意

〔美〕Jim Aspinwall 著

黄 刚 译

科学出版社

北京

图字：01-2008-1298 号

内 容 简 介

　　本书是"图解电子创新制作"丛书之一。本书的主要内容包括控制面板的改造、主板升级、组装电源保护设备、WiFi 无线网络的安全防护、动态画框、移动娱乐、汽车导航、手机上网、使用 ARPS 分享你的旅行快乐、让好友通过 Google 追踪你的旅程、PC 气象台、在个人电脑上看电视、家庭视频转播台、使用 Skype 打 IP 电话、安全摄像头、维护计算机安全等 20 个有趣的改造项目。本书以风趣幽默的语言、清晰的步骤说明向读者展示了如何通过电脑打造时尚生活。

　　本书既可供消费电子产品爱好者和电脑爱好者参考，也可供电子、计算机等相关专业师生阅读。

图书在版编目(CIP)数据

改变生活的电脑创意/(美)Jim Aspinwall 著;黄刚译. —北京:科学出版社,2008

(图解电子创新制作)

ISBN 978-7-03-021974-9

Ⅰ.改⋯　Ⅱ.①J⋯②黄⋯　Ⅲ.个人计算机-图解　Ⅳ.TP368.3-64

中国版本图书馆 CIP 数据核字(2008)第 068694 号

责任编辑：刘红梅　杨　凯 / 责任制作：魏　谨
责任印制：赵德静 / 封面设计：朱　平

北京东方科龙图文有限公司 制作

http://www.okbook.com.cn

科 学 出 版 社 出版
北京东黄城根北街 16 号
邮政编码：100717
http://www.sciencep.com

新 蕾 印 刷 厂 印刷

科学出版社发行　各地新华书店经销

*

2008 年 6 月第 一 版　　开本：B5(720×1000)
2008 年 6 月第一次印刷　　印张：13 3/4
印数：1—5 000　　　　　字数：249 000

定　价：**29.00 元**
(如有印装质量问题，我社负责调换〈路通〉)

前　言

● 内容介绍

就在我击键打字的这一时刻,全球也许有很多个人电脑用户正在打开计算机的机箱盖,有人想要检查一下个人电脑的内部结构,也有人想要升级一块显卡、磁盘驱动器或者添加内存条、DVD 光驱等。我想,很多人都希望自己能变成计算机领域的"百晓生",做一个了不起的计算机专家、黑客、奇客或者 Nerd(计算机狂人)。在这里我想和你分享一个 PC 专家曾经告诉过我的一个小秘密,他是这样说的:"样样精通、样样稀松",每个人的精力都有限,在这个信息海洋时代,不可能存在真正意义上的"百晓生",所谓的"专家",不过是"碰巧在某一点上比你知道得更多一些罢了",所以,只要你持续对某些事情感兴趣并且注意学习,那么很快你就会意识到,要成为一个专家也不是什么难事。

本书就试图引导你在很短的时间内成为个人电脑(我们这里所说的"个人电脑",不但包括人们常说的台式 PC 机,还包括笔记本电脑)创新改造方面的专家,书中的每个项目都颇具独创性,即便是我们自己,以前也没有这样做过。这些项目从各个方面拓宽了我们对计算机的应用思路,例如,你可以从中看到如何改变 PC 机的外观,使它和居室的装修风格更加匹配(就像设计师和工匠装扮 HGTV 一样);如何在和你的朋友、家人或同事共用计算机时提高安全性,等等。

本书为你呈现的每一个改造项目都来源于我自己的设计灵感,其目的是使普通 PC 获得某些新功能,或者给使用者带来一些乐趣。有些项目是我根据计算机的既有功能展开的新应用思路,如果它们也能对你有所启发,那么我将不胜荣幸!

你问我有没有一个最喜欢的改造实例? 没有! 因为我最喜欢的不止一个,而是好几个。如果非要选一个的话,那么创建 GPS 驱动的笔记本电脑导航和追踪系统也许算是这里面酷毙的一个吧,因为它最具有挑战性和成就感。而像帮孩子装扮 PC 这样的项目,虽然很简单,但是它也有一种乐趣在里面,就好像年幼时爷爷送给我的一件礼物一样。很多事情只要你敢想,敢于多做、多尝试,就一定能有所收获,并产生更大的成就感。

● 写作动因

个人电脑及其相关零部件的存在至少基于以下两个理由：一个是人们需要使用他们的个人电脑来完成某些让他们感兴趣的事情；还有一个就是个人电脑"神通广大"，几乎能做任何事情。当你让个人电脑去做某些对你来说很特殊的事情时，那么，你就已经变成了该"特殊事项"方面的专家。就我所知，计算机的用户使用手册、报纸杂志上的文章、某些朋友或其他一些专家，可能都会指导我们如何让计算机去做某些"特殊事项"，但是这些经验的分享多数有篇幅的限制，很可能语焉不详，所以，本书的目的就是为你提供大量常见的范例，让你意识到 PC 能做很多漂亮的事情，我们希望这些范例除了能给你带来愉悦的感受之外，还可以启发你进行进一步的探索。

本书既不讨论黑客、破解、修改、增压充电和超频，也不考虑各种软硬件规格或 Internet 规则等。如果你想了解这些方面的内容，请参阅本人以前发表的其他文章。在计划本书的写作项目时，我蓦然想起自己在 Santa Cruz 的 Branciforte 初中时的往事，那时候整个教室中全是十三四岁的计算机狂热爱好者，我们都非常渴望能投身到游戏程序编写者的行列；或者幻想着能破解学校的主机系统，把自己的年级、成绩等数据狂改一遍；最不济的也希望能花大把的时间在 Internet 上冲浪。现在，我环顾自己的办公室时，仍然能清楚地记得那时学习过的课程，正是由于那段时间的疯狂学习，我才成了今天所谓的"PC 专家"中的一员。任何一个到过我的办公室的人，头脑中可能都会立即闪出一个"老怪物"的形象，其实我既非天才也非鬼才（也许只是一个"怪物教授"），脑子里总是缺乏干净整洁的概念，以至于最终它们和我的工作台彻底无缘。

我在和技术人群以及非技术人群打交道时（通常情况下我交往的技术人群要远多于非技术人群），并不以专家自居，相反，我还需要不断地向他们学习。每当完成某些新任务或达成某些新事项时，我都非常享受它所带来的成就感和荣誉感，因为这是对我个人能力的肯定和褒奖。在中学时，我曾经帮助过一个"女朋友"（是那种真正意义上的女性朋友，一个纯粹的技术菜鸟），教她如何修理无线寻呼机，这件事情给我们俩都带来了成就感——她学习到了一项新技能，而我则意识到自己可以在帮助他人的同时学习并掌握更多的东西。

当我踏入计算机世界时，是以学习个人电脑的硬件和软件起步的。我曾经遇到过很多初级水平的专家，那时候，仿佛在一夜之间，每个人都想"进入"信息科技的新世界。Web 网络、编程、数据库、服务器、路由器……成了人们的口头禅和最热关键字。我看见过太多没有丝毫技术背景的人也闯入这一技术领域，不少人为此购买了个人电脑，申请到 AOL（美国在线）或 Earthlink 公司的拨号帐户，然后去学校学习，参加某些编程辅导班，虽然他们未必知道个人电脑的工作原理或 Internet 的运行规则,但是,最终他们也变成了某一方面的计算机应用"专家"。

使用由这样的"专家"制作出来的硬件和软件产品,对于多数消费者而言简直就是受罪,因为我们需要不停地呼叫技术支持,即便如此,他们的产品最终恐怕仍然被我们束之高阁或扔回商店完事,因为我们实在无法了解如何使它们有效运行。在我的书中,绝对不能容忍出现这样"简单"的技术错误,因为我们会将每个项目的原理、所需要的零部件和具体操作步骤都交代清楚,确保用户不但"知其然",还能"知其所以然"。

我相信,就每个接触过个人电脑的人而言,他们对于"个人电脑是什么","为什么个人电脑可以作为个人的工具","个人电脑可以做什么和不可以做什么","个人电脑的工作原理","如何使个人电脑更快、更好、更经济地运行"等问题,都会有自己的理解和感受。我本人作为一个奇客、"工程师"、"专家"、产品设计师/发明家,可以轻松"透视"各种产品,预想到它们可能的工作方式和原理,所以我可以在空闲的时候,以我自己的方式来复制它们,同时还能省下一些小钱。

本书中的某些改造项目可能对于家庭用户而言吸引力不大,但是对于学校的科技课堂或计算机教学而言则可能具有无法估量的价值。一方面,我们都对天气感兴趣,并且深受气候的影响,另外一方面,我们每个人的口袋中都有手机,具有无线数字通信的优势,这意味着我们有许多机会可以激起灵感、发现诱惑,去创造,去获益,去享受。

我衷心地希望能听到来自于你的成功故事,特别是如果你能对本书中的项目实施改进的话,那将令我更加振奋。对我而言,读者取得成绩,就好比我自己获得最高荣誉一样。我相信,也正是由于读者的存在,这些改造项目才能被赋予鲜活的生命。

• 阅读指南

要完成本书所提供的改造计划,你可能需要专门跑一趟硬件商店,花几分钟时间从 Internet 上下载一些软件,或者从当地的计算机专卖店找一两件趁手的工具,但是,一旦开始动手实施,我相信它们一点儿也不难,绝大多数项目从开始到完成,所花的时间应该不会超过一个小时。

在本书所提供的项目中,有些需要较为严格的工艺,例如油漆、钻孔等,它们所需要的时间可能会稍长一些,而且,如果是由未成年人进行操作,最好能有成年人在一旁监督。如果你缺乏某件工具,或者不具备某项技能,那么可以尝试去找一找本地的计算机、模型、机器人或无线电爱好者俱乐部,那里应该有人能很乐意地帮助你。

如果你在实施项目改造的过程中,遇到了问题、困难、故障、错误、冲突或某些其他类型的挑战，那么别着急，有我在这里支持你，我将给你指引正确的方向。在工作时我始终坚信一句话："机器是死的，人是活的。"所以，计算机软硬件的供应商从不拒绝能让它们的产品正常有效运行的任何机会，我自然也不例外。无论该项目是我的"发明"，还是我也需要咨询供应商，我都不会放弃，我将全力以赴地支持你，直到项目顺利完成。

来吧，让我们来充分享受改造的乐趣，让我们的个人电脑也从此变疯狂！

Jim Aspinwall

题　献

　　首先,也是最重要的一点,在此我要感谢我的妻子 Kathy,她不但要忍受"作家寡妇"暂时失去丈夫的痛苦,还变成了我的助手,不厌其烦地为我承担一切。正是由于她的无私奉献,才能使我在写作本书的 9 个月时间中,推掉一切日常事务,寒来暑往,忘记加利福尼亚的冬雨和恼人的热浪。我在这里的寥寥数语根本不足以描述她对我的付出,只有 Kathy 自己知道,在这么长的时间内,她为我作出了多大的牺牲……

　　其次,我要感谢我的爸爸和妈妈,最近我还曾经和他们开玩笑说,我是不是有什么地方不对劲——当然我到现在也没找到毛病在哪里。

　　此外,我还要感谢对本书的写作有重要影响的 3 个人,他们分别是:Rory Burke,他在 PC 方面对我的启蒙教导和丰富的知识使我受益匪浅;Mike Todd,他是计算机领域的全才,对于计算机用户的需要也有独到的见解;Judy Bass,她最能理解作者出现的书面错误,并且总是正面鼓励我,我想没有人能比她更善于引导作者努力出产品了。

　　在此我还要对 Sally 以及 Campbell Express(坎贝尔快报)的读者表示歉意,因为为了写作本书,我已经将"Computing in Campbell"专栏停了好几个月了。

　　最后,我还要郑重地向那些曾经阅读过我以往文章的读者致意,无论是我的公开出版物还是发布在网络上的作品,是全部内容还是只言片语,只要对读者有一点点的帮助,我就会感到非常欣慰。科学技术对我们大家而言既是一种挑战,又是一项刺激性的工作,我真诚地希望每个人都有信心去征服它。记住:不要介意提问,因为在科学的道路上,绝没有愚蠢的问题,只有不断地问为什么,才会进步。

致　谢

本书是应许多投稿读者的要求而写作的。书中内容涉及我以前学习过的课程、研究过的产品、学科，听取了诸多指导老师的意见，获得了很多和个人电脑、电子、机械、工具、软件以及 PC 硬件等相关的好主意，所有这些构成了我写作本书、分享自己创意的基础。在此我要特别鸣谢：

• 我的叔叔 Mike，他是一个消防队员，也是一个好人；我的爷爷 Bill，他对我们每个人都很公平。在我的印象中，他们在面对问题时，总能冒出许多灵感来克服它。他们在解决问题时，也许只需要一张钢锯、一些木屑、少许油漆，再加上足够的热情，就可以了。这些虽然再简单不过，却让人印象深刻。

• Bernie H 和 Mike H——他们是我在高中时的电子和金属材料学科指导老师。他们的电子和工具基础课程让我受益良多，直到现在，我在做很多事情的时候都还要应用那个时候学习到的东西。

• 众多的无线电爱好者，特别是曾经为我们研制出"无线封包通信"和"自动定位报告系统（APRS）"的爱好者——他们的创新工作成果足以吸引更多"数字时代"的人们加入我们这个爱好者的行列。

• 提供"Microsoft Streets and Trips with GPS"程序的 Microsoft 研发团队。在去年所有我曾经使用过的 GPS 和地图程序中，该程序最令我满意，它通过了本书所有的旅行项目，并使我的暑假增色不少，而且我敢说，它还是非常易用的产品。

• 研制出 Slingbox 的朋友。Slingbox 真是一款很出色的产品，我也从中获得了很多启发。

• 在 Digital Persona for U. are. U 工作的朋友。和 Slingbox 一样，他们的产品也带给我很多启发，有机会我们应该在一起讨论生物测定学和 Windows 的安全性。非常感谢他们的产品。

• CyberGuys 站点——他们的分类目录"大众科学"、"医疗工具"等启发了我，于是便有了本书的"青蛙"PC 等项目。

以图文并茂的方式图解各种知识和技巧，能让我们更加深入地理解自己所掌握的知识,分享我们的发现和心得,并且感受知识给我们带来的能力提升。我们深信,本书的读者不但能成功地改造计算机,而且能由此提高自己的工作效率,并且充分享受到阅读所带来的乐趣。

目　录

绪 论 ①

　　我对本书写作任务的命名是"PC科学项目",所以,在拟订本书的写作大纲时,我尽量以各种环境下的个人电脑应用为方针,选择各种有趣的示例。回想在Santa Cruz的Branciforte初中时,满教室十三四岁的计算机狂热爱好者,对所有和计算机相关的事宜都如饥似渴,大有迫切地想要了解一切的架势。也正是在那个时候,很多所谓的专家都进入了计算机俱乐部。不唯如此,有许多成年人也被计算机的魅力所吸引,沉迷在各种计算机应用中(例如计算机游戏、音乐制作和播放、数字照片处理等),如痴如醉。

　　在设计和选择本书项目时,我已经尽量注意项目的安全性和可行性问题,当然,有些零部件或工具可能需要在成年人的监督之下才能使用(尽管我们不排除某些孩子比成年人还谨慎并具有安全意识)。

　　我猜想本书读者大多数都经历过技术大爆炸的时代——虽然不太可能赶上彩电和按键式电话新出现的年代,但应该能清晰地记得IBM-PC/XT、调制解调器、新浪/搜狐、电子邮件、Windows 3.1和Netscape 1.x等。技术新生代或他们的后代(也就是今天所谓的"90后")可能不会明白"劳动课"是怎么一回事儿,自然也就无从谈起学习大锤或钻孔机的使用方法了(当然,本专业的除外)。

　　Intel、联想、惠普、方正、长城和戴尔这样的硬件厂商,再加上中国电信、网通宽带、Netscape和Microsoft等,创造了个人电脑应用的广阔世界,更为人们提供了巨大的商业和娱乐机会。WWW网络、HTTP访问、新闻组订阅、Yahoo!分类浏览、Google搜索、新浪个人空间、天涯博客、手机铃声下载TOP 10等,这些新技术越来越多地融入人们的生活中并广为人知。所有这些技术都有一个核心:计算机。PC机、笔记本电脑或袖珍手持设备(包括手机和PDA等)都可以给予我们访问网络服务、使用这些功能的便利。从某种意义上说,计算机改变了我们的生活,使我们的日常生活更加有趣、人生体验更加丰富。

　　对于我们大多数人来说,已经很难想象没有电子邮件、Yahoo!、Google、博客、论坛的生活,甚至连Internet网络连接速度下降也会让我们感到绝难忍受。但是对我来说,更加难以想象的是,一个号称对"技术"感兴趣的人,却不愿意或没有能力去打开 PC 机的机箱后盖,连给它添加一个磁盘驱动器、插换一下内存条或者安装一块新的 I/O 卡也做不到。不过,从另一方面来说,这不也正是对我们这些"专家"的试金石吗? 对于任何一个拥有高科技设备的人来说,专家可以鼓励和支持他们完全投入和充分利用现有设备。

我本人非常乐意分享工具应用的经验,这也是本书创作的原动力。我们期望本书能激发读者善用自己的个人电脑,而不仅仅是停留在打字聊天、收发电子邮件和上网浏览这样的初级阶段。

在接下来的 20 章中,你将看到许多行之有效的项目示例,它们可能适用于家庭、学校、计算机俱乐部或日常生活应用。编写本书也可以说是圆了我一个心愿,因为有不少项目我自己也已经筹划了数月之久。

在个人电脑可以执行的许多事情中,我个人最喜欢的项目包括:

• 小孩子的"绿色 PC"——该项目受到 CyberGuys 站点的启发,它是我为自己的孙女设计的。

• 手机导航——只有先知道我们身处何方,然后才能准确地到达目的地。

• 使用 Google Earth 追踪行程——背包一族、"驴友"写旅行博客的最爱。

• 指纹识别安全系统——高科技的安全识别系统,在很多地方都可用到。

就在商业和企业的计算机专家大谈特谈声音的"聚合"和数据服务时,许多计算机和无线电方面的爱好者却在真正开放源代码的旗帜下联合起来,以各种不同的形式进行跨技术团队协作,不懈地探索基于 IP 和无线电的通话技术。

在计算机疑难解答和解决技术难题方面,我颇有一些自己的心得和窍门。我曾经设计过新软件来帮助人们使用个人电脑。另外,我还编写过 5 本和个人电脑相关的图书,但是,凭良心说,它们都不如本书来得有趣,因为本书设计了许多漂亮而神奇的个人电脑使用窍门。

从孩提时代开始,我就一直是一个业余的无线电操作员。在我的职业生涯中,这项爱好贯穿始终,超越了其他任何"玩票"性的业余爱好,但是,我也从不拒绝学习其他实用技术的机会。在这里,我也真诚地希望读者朋友们能从本书获得某些灵感,有所受益,或者觉得本书有一定的价值,甚至在一定程度上改变你的生活。当然,我们这里所指的"生活改变"事件可大可小。例如,因为本书,或许你可以发现或拓展你的职业兴趣、选择你大学的新专业、获得业余无线电爱好者证书等,它们都可能会改变你的生活;而从小的方面来说,即便你仅仅是在个人电脑上卖弄你的作品或新掌握的技巧等,也可以让你在大家心目中的形象有所改变。

书名中的"电脑创意"一语,虽然字数不多,但是内容却可以包罗万象。例如,我们可以将它写成一本针对 PC 机进行深入解剖的书,指导读者如何刷新显卡、网卡或磁盘驱动器的固件,以添加或改变硬件功能;也可以将它写成一本硬件更新方面的书,以便使老机器也能有更良好的运行性能或者为安装下一代操作系统作准备。

在本书中,我所选择的"项目"都是一些比较有意思并且具有较高可行性的项目,所涉及的周边设备应用也有不少,从数码相机到电源保护,再到手机、WiFi 等,我们所能想到的和个人电脑相关的改造项目,基本上都在这里了。

在此我需要承认,因为时间、空间和复杂性的关系,本书缺少了 2 个非常引人注目的"项目":一个是完全由个人电脑控制的机器人项目,另外一个则是功能强大的 PC 驱动的机械工具项目。到目前为止,我仍然在寻找使用个人电脑作为其"大脑"的机器人。实际上,许多特殊用途的嵌入式计算机都可以通过个人电脑给机器人"喂养"它们的应用程序,但是,我所找到的机器人项目没有一个是运行 Linux、DOS 或 Windows 操作系统的。至于机械工具项目,我找到的是一个 X-Y 坐标描绘器,它可以移动切割工具穿过木板、电路板或金属对象,该项目非常有意思,但是它的核心是控制工具的移动方式,而不是单独从个人电脑上获得什么意外的好处。

另外还有一个项目也被我有意识地放弃了,那就是全功能的多媒体中心 PC。因为已经有联想、方正、Microsoft、戴尔、惠普等 PC 软硬件供应商设计并推出了这种产品。多媒体中心 PC 的功能强大,它可以同时处理 VCR、DVD 播放器、有线电视、天线输入等,并且允许我们将这些信号通过"路由"的方式输入到家庭内其他的电视机或录像机等。对于 PC 来说,该项目并不算太复杂,只是缺少控制信号流向的"路由"设备而已。

我希望你能原谅本书的上述缺失,并且从我们提供的项目中感受到个人电脑改造的乐趣。所有这些改造项目都已经在我的家庭、汽车或办公室中运行着,它们确实给我带来了很多欢乐。如果你阅读完本书,请来信告诉我你最喜欢的项目或你对这些项目的想法。祝你阅读愉快!

Jim,aka,pcmods. evilgenius@gmail.com

绿色 PC 2

本项目是我受到小孙女的灵感启发而产生的。如果你愿意询问其他孩子，那么多半你可以获得一些更加奇特的意见，由此你可以创建一个相似的项目，因为每个孩子最喜欢的颜色、动物、卡通形象和"超人"等，都会有所不同。

我们这个家庭算是对科技非常热衷的，所以为一个 2 岁左右的孩子定制一台个人电脑并不算什么新鲜事儿。当然，这个项目其实也适用于 5 岁及其以上的孩子，我指的不是改造过程，改造过程需要由大人来完成，孩子只是享受定制 PC 的结果。

我的小孙女 Kimberly 喜欢青蛙和恐龙，而另外一个孙女 Renae 则喜欢追着后院的蜥蜴玩。所以，当我看见 www.cyberguys.com 站点上出售的一些关键零部件时，我就决定创建该项目。特别是当我看到一只青蛙模样的绿色鼠标和一个与它的颜色相匹配的绿色键盘时，更坚定了我的想法。青蛙鼠标的左键和右键被做成了它的两只大眼睛，显得特别可爱（图 2.1）。我的妻子则想让我打造一款粉红色的"芭比娃娃"式的 PC，但是我一直找不到粉红色的键盘，

图 2.1 Cyberguys.com 站点上出售的绿色青蛙鼠标，它的两个大眼睛分别司职鼠标的左键和右键

而且那种细腻的花边装饰和典型的"芭比娃娃"式发光片及其附件都不太容易处理。在确定项目主题、基础颜色或关键零部件之后，剩下的东西就很容易了，这就好比重新布置或装修家居环境一样。在主题确立之后，你就可以决定颜色的应用以及其他项目，最后将所有的零部件组装起来。在本示例中，我们要做的就是给计算机的机箱、零部件和 LCD 显示器都涂上新颜色，使它们在外观上能互相匹配。

要启动本项目，我们最好能先做一些准备工作。例如，我们需要搜罗或购买那种可以将按键、弹簧和面板都分解拆卸下来的机箱，这样，我们才能给机箱上的零部件重新涂上不同的颜色，以便提供某种真正优雅的触感。

在选择机箱时,请务必确认它和你正在使用的主板是相匹配的。我的计算机使用的是那种"古老"的 Intel"赛扬"ATX 主板,所以我需要在稍后进行内部升级。另外,我还需要寻找一些外围设备(例如 CD-ROM 光驱和磁盘驱动器等),以便将它们的面板拆卸下来,涂上新的颜色。

在这里我们不建议你拆卸鼠标或键盘,也不要试图去给它们重新喷涂上别的颜色。因为在这方面我有过教训,我曾经在确定主题之前这么干过,结果证明——这样做很不好玩。如果你像我一样打算创建绿色 PC,那么最好能直接从 www. Cyberguys. com 站点购买绿色的键盘和鼠标。它们也提供其他颜色的各种附件。遗憾的是,本书不是彩色印刷,所以你无法感受到从浅褐色到绿色的变化,不过,我们将列出所有的操作步骤。

警告

　　本项目需要应用到手工工具、普通商店化学制品以及烟雾剂颜料产品等,所以我们强烈建议你在操作时确认旁边有成年人监督,并且保证充足的通风条件,做好眼睛和呼吸道的保护工作。

■ 工具箱

• 喷雾涂料——请自选颜色和类型。为了油漆时的安全起见,最好能选择无毒或乳胶基喷雾产品,而不要选择绝大多数硬件和建材物资中心常见的聚丙烯腈系纤维或氧化发烟硫酸。

• 一字螺丝刀和十字螺丝刀。

• 遮蔽胶带(在喷漆时盖住不需要上色或油漆的部分)。

• 锋利的小刀(剃刀刀片类型)。

• 废旧报纸或其他方便喷涂作业的材料。

• 布片下脚料——例如不用的毛巾、纸巾或其他类似材料等。

• 肥皂、水和玻璃清洁溶液。

• 液化稀释剂。

■ 零部件清单

• 可以拆卸下来重新油漆的 PC 机箱。

• 前面板可以拆卸的 CD-ROM 光驱。拆卸后的前面板将被涂上新颜色。

• 前面板可以拆卸的磁盘驱动器。拆卸后的前面板将被涂上新颜色。

• 可选件:CRT 或 LCD 显示器。它们也将被涂上新颜色。

■ 操作步骤

1. 拔下 PC 主机和显示器的所有连接线和电源线的插头。

2. 打开 PC 机箱的顶盖。某些机箱可能有 3 个盖子:左右各一个,再加一个顶盖。

3. 将PC机箱的前面板拆卸下来。多数机箱的前面板是通过塑料插销固定的,只要将它拆卸松开即可,有些面板则需要拧下固定螺丝(图2.2)。

4. 将前面板上的发光二极管指示灯和按钮都分离出来。

5. 将CD-ROM和磁盘驱动器的前面板拆卸下来(图2.3)。

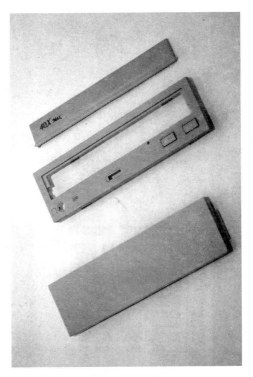

图2.2　从机箱框架上分离出来的前面板,上面还有从支架上拆卸下来的发光二极管和开关

图2.3　从CD-ROM光驱上拆卸下来的前面板

6. 使用肥皂水或家用玻璃清洁剂将要喷涂新颜色的零部件都清洗一遍,并将它们彻底晾干。使用抹布将要喷涂颜色的金属表面擦干净,在擦的时候可以轻敷一点儿挥发性漆稀释剂,使得待喷涂的表面形成一个新的涂层。

7. 将遮蔽胶带贴到机箱、显示器、前面板或磁盘驱动器上(图2.4),任何不必喷涂新颜色的部位都需要粘贴盖住。特别要注意电子连接口部分(电源

图2.4　在喷涂新颜色之前,使用遮蔽胶带将LCD显示器的显示区域都粘贴覆盖上

接口、数据接口、视频连接口、USB 等)和旋钮、按钮、开关等,因为它们很容易被颜料覆盖、粘住或在多次喷涂之后出现阻塞。

8. 给机箱零部件和显示器喷涂上你所需要的颜色。

9. 一次喷涂完毕之后,再重复喷涂 2～3 次,以便获得更好的均匀涂层。每次涂层晾干之后 2～4 小时才能再次喷涂,在此期间不要重新拼装零部件。

10. 当已经被喷涂新颜色的零部件全部晾干之后,小心揭掉所有的遮蔽胶带(图 2.5)。

11. 将 CD-ROM 光驱和磁盘驱动器的前面板重新组装好。

12. 将发光二极管指示灯和按钮等重新部署到前面板上。

13. 将前面板还原安装到 PC 机箱上。

14. 还原安装 PC 机箱的顶盖。

15. 连接上自定义的鼠标和键盘。

16. 将显示器和 PC 机连接起来。

17. 重新连接 PC 机和显示器的电源。

18. 启动计算机,确认一切工作正常(图 2.6)。不出意外的话,开始享用你那富有个性魅力的 PC 吧。

图 2.5 揭掉 LCD 显示器接口上的遮蔽胶带

图 2.6 改造完成的绿色 PC 机

■ 小　结

在本项目中,我们根据小孩子的需要,给 PC 机设置了一种新的颜色方案,并且付诸实施,将它变成了现实。这种类型的改造项目虽然对个人电脑的实际性能没有什么改进,但是它在外观上的变化无疑能讨得很多人的欢心,从流行的"超人"造型到"汽车总动员"中的"马昆"外形再到经典的"芭比娃娃"主题,都可以在你的手下诞生。

如果你能根据孩子们的想象打造出他们喜爱的个人电脑,那么,毫无疑问,你的技能水平将上升到一个新的高度,你可以创造出任何可能的样式和完全具有个人风格的计算机。

PC 控制面板

对于普通用户来说,个人电脑可能会让他们感到有些神秘,因为它可以处理很多事情。PC 的制造者们在若干年前就已经断言,将来会有很多小部件在计算机主机上即插即用,这样的推论目前已经变成了现实。例如,在计算机上可以读取数码相机和手机等的 Flash 闪存或记忆棒,也可以插入移动硬盘和 CD 等。当然,即插即用的外部设备过多可能也会导致个人电脑表现异常。例如,机箱内部过热,同时还产生很大的噪声等。

如何在连接较多外部设备的情况下,保持计算机主机的平稳运行呢? 为了解决这个看似两难的问题,我发明了一种非常经济的附属设备,它集成了大量常用端口,并且方便控制使用,这就是——多功能 PC 控制面板。

当你环顾自己的办公桌,看到满桌上的手机读卡器、数码相机闪存或记忆棒、USB 路由器、乃至 PC 耳机话筒插头的延长线时,你将深切地感受到多功能 PC 控制面板是一个多么棒的功能附件,因为如果没有它,这些东西的连接线将和鼠标、键盘的连接线纠缠在一起,使你的 PC 机后面凌乱不堪。

该项目不但可以帮助我们结束个人电脑周边设备连接线乱糟糟的历史,还可以监控 PC 机箱内部以及其他任何地方的温度(比较典型的是随时监测 CPU 的温度)。要实施本项目,你的 PC 机箱上必须有一个空的光驱槽位,这样才可以安放控制面板。本项目的复杂程度和安装新的磁盘驱动器相当,因为它不涉及到软件和格式方面的问题,也不改变设备原有的工作方式,它只是简单地添加了一项功能而已。

■ 工具箱

- 不同大小的一字螺丝刀和十字螺丝刀(用来拧下 PC 机上不同大小的螺丝)。
- 剪钳(裁剪线头需要用到)。

■ 零部件清单

- Sunbeamtech(光束科技)出售的 20 合 1 上品面板(可以从 www.cyberguys.com 网站购买到)。
- 各种捆线绳。

• 额外的光驱挡板支架和合适的螺丝钉。这些东西需要在 PC 机箱内安装和固定控制面板时用到。许多 PC 机的机箱内部都会随附额外的安装挡板。

提示

因为你需要打开 PC 机的框架并且接触到它的前后左右以及内部，所以，你应该给自己预留足够的操作空间。

■ 操作步骤

1. 关闭 PC 机的电源，并且将所有连接线都从 PC 机上拔下来。

2. 将 PC 机放置在操作台上，注意要保留足够的操作空间。

3. 拆卸或打开 PC 机的框架外壳，以便能接触到机箱内部（图 3.1）。

4. 从空的光驱槽位上拆卸下装饰用的面板（图 3.2）。一般机箱上有 3 个左右这样的 5.25in（1in＝2.54cm。下同）光驱槽位，你的机箱上至少应该有一个是空槽位。

图 3.1　Sunbeamtech（光束科技）出售的控制面板添加了若干个实用的 I/O（输入/输出）端口，并且包含温度显示和风扇速度控制，适用于绝大多数的 PC 机型

图 3.2　从空的光驱槽位上拆卸下装饰用的面板

图 3.3　控制面板和各种内部连接线缆。它们的一端连接着控制面板，另外一端将插入到 PC 机的对应位置

5. 在空的光驱槽位内部确定并装配合适的挡板支架，它们的作用是固定控制面板，但是，目前不要着急在槽位内安装控制面板。

6. 整理面板的连接线（图 3.3），查看控制面板的说明，熟悉各种连接线的作用，并尽量设计出最恰当的连接方式。

提示

USB、风扇和音频等的连接线将随着 PC 机的不同而发生变化。例如,有些计算机的 USB 端口只出现在计算机的背部面板上,而另外有些计算机则具备额外的 USB 设备插头,免去了用户每次插拔 USB 设备都要趴到计算机后背的痛苦。对于风扇连接线而言,你可能需要剪切和连接不同的线缆,虽然这不是什么很难的任务,但是如果你的电子技能有限,只能连接那种带插头的线缆的话,不妨找个朋友帮忙,以避免那些繁杂的重新接线的步骤。

7. 请查阅 PC 机主板的说明手册,以确定 USB 端口和风扇连接的可用性及其位置。它们将连接到控制面板的对应接线上。

8. 将对应的线缆连接到控制面板上,并且把它们梳理得井井有条(图 3.4),这样做便于你将它们安排和绑定在机箱内合适的位置。

9. 将控制面板插入并安装到空的光驱槽位(图 3.5),并且对齐面板前脸的位置(图 3.6)。在对齐之后,拧紧光驱槽位两边的螺丝,固定控制面板。

图 3.4 控制面板已经连接好各种线缆,
可以安装到 PC 机中

图 3.5 将控制面板通过 PC 机的内部
插入并安装到空的光驱槽位

10. 在 PC 机框架内合理安排控制面板的线路走向,并将它们连接到对应的输入/输出(I/O)端口(包括 USB、SATA、IEEE-1394 接口、音频接口等)。在线路连接和走向安排就绪之后,你可以将它们和原有的连接线绑定在一起。在安排线路连接和走向时,不但要注意保持线路的整洁和清晰,同时还要注意留下足够的缓冲余地,保证在合上机箱盖时不会夹住或扯脱连接线(图 3.7)。

11. 将其中的一个感温器"T1"插入到 CPU 的两个散热鳍片之间(图 3.8),这样可以间接测量到 CPU 的温度。

12. 将另外一个感温器"T2"附着到 PC 机顶端某个方便的位置,以便测量框架的温度(图 3.9)。

图 3.6　在拧紧固定螺丝之前,将控制面
板和 PC 机的前面板对齐

图 3.7　合理安排新的连接线走向并将
它们和原有的连接线绑定在一起

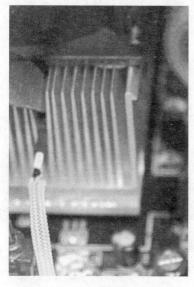

图 3.8　在 CPU 的两个散热鳍
片之间插入的感温器

图 3.9　在机箱电源通风口附近加装感温器

提示

　　在 PC 机电源的通风口加装感温器可以精确地获得机箱内部空气
温度的最高值。但是,磁盘、光驱和内存芯片表面的温度可能会比内部
气温更高一些。

　　测量机箱内的总体温度,然后将它和室温进行比较,就可以知道 PC 机通风装
置的工作状况。例如,如果室温是 22℃,而 PC 机箱内的温度是 32℃,那么基本上
可以判定 PC 机的散热设备工作良好;如果 PC 机箱内的温度达到了 38℃甚至还要
高,那么很明显,你需要检查 PC 机的散热装置,并且进行有效改善。安装好的控
制面板如图 3.10 所示。

图 3.10 成功安装的控制面板（右边的屏幕可以显示 CPU 的温度，左边
还插入了一个 USB 接口的 Flash 闪存）

■ 小　结

　　本项目中的操作步骤和技巧适用于典型的 PC 机配件升级和更新。在不影响
现有设备工作的情况下，给计算机添加新功能是一个很好的锻炼机会，它可以培养
你改造计算机的自信，为今后更多复杂的操作步骤打下基础。

PC 机的超级改造

4

　　随着小孩子的一天天长大，他们的个人爱好也一天天发生变化。从最初的卡通形象"超人"，到大闹天宫的孙悟空，再到钢铁战士、机器人等，他们的兴趣总是游移不定。其实我们成年人又何尝不是如此，那些明星一个个闪亮登场，使我们的目光来回逡巡，注意力偏移。

　　在本项目中，我们要尝试以另外一种方式改造自己的 PC 机。对于成年人来说，如果要将自己的 PC 机打造成青蛙造型或忍者神龟和芭比娃娃这样的主题外形，显然有点"幼稚化"的感觉，所以在此我们将改造目标对准 PC 机电源（或者电源的外观）。需要说明的是：此前第 2 章和第 3 章的技巧在本项目中仍然有效，我们只是添加了一些常用的电源工具，外带一些想象力。

　　本项目的目标是创建另类风格的 PC 机，需要应用到一些基本技术和配件（包括冷却、指示灯的零部件等）、机箱装饰以及某些个性化的修改等。在设计本项目时，你可以充分发挥自己的想象力，打造出各种不同风格的 PC 机。

提示

　　　　本项目中我们需要应用到的实际操作包括：在 PC 机的金属机箱上钻孔、切割以及喷漆；连接风扇和指示灯的内部接线等。打孔和切割操作应该由成年人来执行或在成年人的监督下执行；工作时，所有人员（包括旁观者）都应该采取眼部保护和其他安全预防措施。

■ **工具箱**

- 普通手工工具——螺丝刀、老虎钳、剪钳等。
- 普通电源工具——带钻头的钻孔机、带金属切割刀的竖锯。
- 尺子、铅笔或记号笔。
- 喷漆。
- 抹布。

- 旧衣服或旧报纸。

■ 零部件清单

- 适合改造的 PC 机箱——机箱外壳最好是那种双面可拆卸的,而不是以前那种又笨又沉的翻转 U 型老式机箱盖。

- CD-ROM/DVD 和磁盘驱动器,要求它们具有可拆卸的前面板,这样才方便对其颜色进行个性化的改变。

- 如果从头开始打造本系统的话,那么你还需要购买新的电源、主板、CPU 和内存条。

- 本书第 3 章所提到的 PC 控制面板。

- 磁盘驱动器、风扇和电源导线的多彩线缆。

- 多彩线缆的可扩展封套。

- 彩色捆线绳(要求和你的色彩主题相匹配)。

- 自定义的指旋螺丝(这是一种设计得可以用拇指和其它手指旋转的螺丝,之所以需要它是为机箱装饰/装配而准备的)。

- 带有嵌入式 LED 灯的风扇(灯光的颜色要求和你的色彩主题相匹配)。

- 冷阴极灯若干(为了内部照明效果的需要)。

你可能已经注意到了,本项目需要使用许多和以往项目不同的工具以及零部件。要全部完成本项目(特别是那些比较重大的改造),你将需要两三个晚上或整个周末的时间。如果你已经有一个预先加工过的符合改造要求的机箱,那么所需要的时间也可以缩短为一两个晚上或周六一天。需要说明的是,本章实例中的项目是从头开始的,我们所使用的机箱也需要进行改造。

在开始本项目之前,你需要先组装并测试自己的 PC 机,确保它能正常工作。当然,你也可以先改造机箱,然后再组装和测试计算机。具体采用哪一种操作流程,完全取决于你自己。我的参考意见是先确认所有计算机配件(特别是基础部件)工作正常,然后再进行改造。

本项目中的主板、电源和磁盘驱动器等都已经组装并测试过,它们的工作完全正常。

■ 操作步骤

1. 拆卸机箱。在本步骤中,你需要彻底拆卸掉所有开关、发光二极管、支架、按钮和 PC 框架上的一些装饰性物品,如图 4.1 所示。如果你要改造一台正在使用中的 PC 机,则必须先拆卸掉它的磁盘驱动器、主板和电源(图 4.2)。

2. 拆除光驱和磁盘驱动器的前面板。

3. 仔细给 PC 机框架和磁盘驱动器前面板喷涂上新的颜色(图 4.3)。我的做法是:选择光滑的亮光漆,喷涂在 PC 机框架的金属部分和磁盘驱动器的前面板上;选

图 4.1 拆卸下来的 PC 机前面板，它们将被喷涂上新的颜色

图 4.2 拆卸下来的 CD-ROM 和磁盘驱动器，它们将被喷涂上新的颜色

择光滑的末道漆，喷涂在 PC 机箱的前面板和按钮上。大概需要喷涂 3～4 层，每层之间需要间隔 2～4 个小时的风干时间，全部风干之后，你才可以将它们重新组装起来。

4. 在机箱上设计本项目新增加的风扇的位置并且标记其安装孔。假设机箱外壳有上、左、右三面，在这里我选择的是在左面机箱外壳上添加一个多彩风扇，而在右面机箱外壳的对应位置添加一个通风铁护栅。

图 4.3 被重新喷漆的 PC 机箱

提示

在为新添加的风扇或其他内部配件指定安装位置时，一定要确保新增配件不会和已有部件（例如电源、磁盘驱动器槽位等）产生位置上的冲突。

在左面机箱外壳上测量和标记风扇的位置（图 4.4），在右面机箱外壳的对应位置上，画上铁护栅的轮廓（图 4.5）。在圆圈的位置确定之后，再确定 4 个安装孔的位置。注意检查它们的位置是否合适，是否会在安装或拆卸机箱时阻碍或碰触到其他部件。

5. 使用钻孔机分别在左、右机箱外壳上打出风扇和通风铁护栅的 4 个安装孔。圆孔半径一般是 5/32in，使用♯6-32 钻头。

6. 使用带金属切割刀的竖锯，切割出安装风扇和通风铁护栅所需的圆孔，如图 4.6 所示。

图 4.4 画上风扇的位置并且标记安装孔

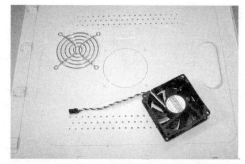

图 4.5 画上铁护栅的轮廓,为将来使用
竖锯切割圆孔作准备

7. 使用锉刀或砂布打磨钻孔机和竖锯留下的粗糙毛边,并且检查圆孔的大小是否合适,如图 4.7 所示。

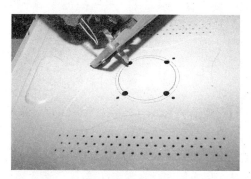

图 4.6 为安装风扇和通风铁护栅准备打孔
的机箱外壳。圆形区域内的 4 个试验圆孔将
和圆形区域一道被挖剪掉

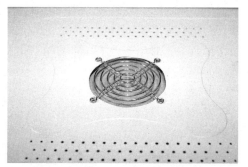

图 4.7 已完成的通风铁护栅孔(圆形区域
已经被挖剪掉,粗糙毛边也已经打磨平滑)

8. 给机箱外壳面板喷涂上新的颜色,然后分别给它们安装上风扇和通风铁护栅,如图 4.8 和图 4.9 所示。

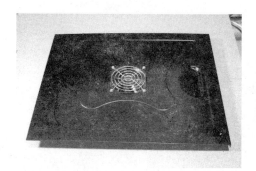

图 4.8 经过重新喷漆的机箱外壳(已经安
装了通风铁护栅)

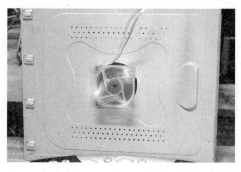

图 4.9 测试新的风扇

9. 重新组装上机箱和磁盘驱动器部件。注意确保所有按钮都能轻松灵活地操作。如果有些按钮比较粘滞，则可以对其边缘、外侧面和圆孔等作轻微的打磨处理。

10. 在机箱框架的组装支架上安装主板。每个安装孔都需要落实到位并且拧紧，以保证主板的平衡和安全。如图 4.10 所示。

11. 安装电源。在本项目中，我没有购买新电源，而是给原有的电源暴露在外的背面喷涂上了新油漆，以使它匹配改造后机箱的色彩主题。在喷涂之前，一定要记得遮盖住开关、插孔和风扇孔等。

12. 安装剩下的磁盘驱动器，如图 4.11 所示。注意在这个步骤中我们安装了本书第 3 章所讲的 PC 机控制面板。当机箱框架上的安装工作全部结束之后，就可以开始着手将这些配件连接在一起了。

图 4.10　给重新喷漆之后的机箱
安装上主板

图 4.11　重新安装磁盘驱动器和电
源之后的机箱

13. 准备连接各种线缆。在本步骤中，我选择了一套明亮的能发出紫外光的线缆和封套，如图 4.12 所示，它们在机箱内能发出幽幽蓝光，简直酷毙了。另外，曾经有一些 PC 机改造的狂热发烧友告诉我，在普通磁盘驱动器的连接问题上，应该使用圆形线缆而不是扁平的条带线缆，因为这样可以改善 PC 机箱内部的空气流通。至于是否真的如此，我到目前为止仍然不敢下结论，但是有一点是肯定的，那就是它们看上去至少比传统的扁平条带线缆要整洁得多。

可扩展的线缆封套在使用时有一点小小的窍门，但是由于这种封套具有可扩展性，所以使用起来也不是什么难事，你只要护住线缆或连接头的末端，突入到封套中，然后一点点慢慢地推进就行了。如图 4.13 所示。

图 4.14 显示了所有经过整理之后的线缆，我们可以将它连接到对应的部件，然后绑定在一起。由于磁盘驱动器已经连接完毕，所以，在安排其他配件的连接之前，我们还可以先测试一下系统。

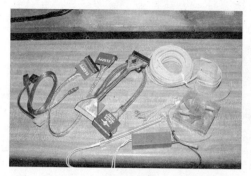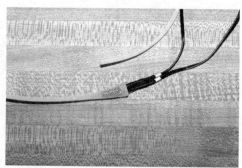

图 4.12　各种新线缆和线缆封套　　　　图 4.13　在可扩展的封套中插入感温器

图 4.14　经过整理之后的线缆，可以将它们连接和绑定在一起

14. 整理和绑定线缆,然后对整个系统进行全盘测试,如图 4.15 所示。

15. 将对应的线缆连接到 PC 机框架的后面,如图 4.16 所示。注意,PC 控制面板的音频和 USB 连接需要从主板后面的原始位置获得。

16. 完成机箱外壳的组装,如图 4.17 所示,看一看是否获得了你所需要的打造效果,另外欣赏一下已经完成的整个项目,如图 4.18 所示。

图 4.15 在新机箱内安排和整理新线缆,然后进行测试

图 4.16 线缆和插头连接完成之后的 PC 机背部视图

图 4.17 重新组装完成的 PC 机,已经可以开机运行了

图 4.18 全部完成的项目,配备了黑色的罗技无线键盘和鼠标,
再加上黑色的液晶屏就很完美了

■ 小 结

　　该项目明显包含了许多不同的任务,从打孔、油漆到接线等,不一而足。像这样的项目不仅可以应用于 PC 机改造,其实也可以应用于其他设备,例如小型冰箱、老式的木质收音机、微波炉等。你可以在 www.creativemods.com 站点上找到若干创意实例。如果你没有油漆和打孔、切割等工具,则可以访问以下站点,看一看是否能购买到预先改造过的机箱:www.thermaltake.com;www.xoxide.com;www.frozencpu.com 和 www.crazypc.com。

　　总之,无论你决定如何完成该项目,你的最终目标是什么,都不妨多花一点时间,考虑所有配件的组合方式,直至达成你满意的功能和效果。

主板升级

在本书的第 2 章和第 4 章中,我们已经进行了某些 PC 机"主体工程"方面的改造,实际上,对于现有 PC 机来说,我们所能执行的三项最简单的升级包括:① 给予它一颗崭新的心脏、灵魂和引擎(其实就是更换主板和 CPU);② 增加内存条;③ 更换大容量或速度更快的硬盘。我本人使用的主要 PC 机每年都要升级一次主板,其他测试计算机和服务器也是不定期更新,当然时间跨度可能在1~2年以上。

更换主板的好处在于,即使某些配件需要重新购买,但是那样也比购买一台新的整机要划算得多。现在就让我们来算一笔账:首先,主板更新最大的变化是需要使用更加高端的 ATX 电源,所以购买新电源的支出必不可少;另外,如果你原来的主板是三年前的老古董,那么内存条也需要重新购买,所以总的支出就是:1200~2000元的主板、300~400 元的新电源,再加上 800 元左右的新内存条,这个花费比你购买整机的价钱肯定要少很多,而性能上却比新购买的整机不遑多让甚至高出不少。如果你愿意保留已有的硬盘,则不需要来回传输数据、重新安装应用程序和外围设备(这些工作估计也够你忙上一阵子),当然,购买新硬盘也有它的好处,因为它意味着一个新的开始、更大的磁盘空间以及更快的读写速度等。

本项目将全程指导你如何拆卸已有的 PC 机,更换和升级某些部件等。当忙完这一切时,你将享受到老机器焕发新生命所带给你的快乐。

提示

切记备份你的数据! 无论何时,只要在计算机上执行重大操作,你都应该备份自己的数据,这些数据包括:文档、电子报表、照片、音乐以及邮件等。

■ 工具箱

• 各种规格的一字螺丝刀和十字螺丝刀。
• 手电筒——需要使用它来照亮那些比较阴暗的角落或缝隙。

• 尖嘴钳——需要使用它来取出某些角落中的东西。

■ 零部件清单

• 新选购的主板和 CPU。该主板应该支持最新 CPU，以目前的价格水平而言，1200 元左右能购买到非常不错的高性能主板了。

• 新选购的电源——如果你当前的系统包含的是老式 AT 或 ATX 主板，那么必须选购一款新电源来配合新购买的主板使用。

• 新选购的内存条。现在的内存条已经很便宜了，其容量和速度更不是以前的内存条能比拟的。

■ 操作步骤

一般来说，升级主板并不算是一件很复杂的任务，绝大多数的连接插头都很明显，或者在主板说明手册中会有详细的说明。我们所需要的，也就是多一份耐心而已。由于主板上的接插口太多（就像你在本书第 3 章中所看到的那样），所以，在更换旧主板、拆除和连接众多设备时，务必要小心从事。

通常情况下，在首次启动新主板时，操作系统（一般是 Microsoft Windows）都可以发现新设备，并且会提示安装新设备的驱动程序，所以，千万不要弄丢了驱动光盘。

提示

如果新购买的主板配备了串行 ATA(SATA)硬盘接口，则可以在原有接口仍然有效的情况下，安装新主板的驱动程序；这种升级方式将可以正确引导系统，并且在不出现错误的情况下支持新的 SATA 接口。

图 5.1 安全第一！请首先拔下电源插头

将已有 PC 机的框架完全拆卸之后，即可轻松接触到主板。本项目从分解旧主板开始，把各种配件都从主板上拆卸下来，然后反向操作，将拆卸下来的东西又重新安装到新主板上。

1. 将 PC 机上的所有接插口都断开，具体可能包括：电源线、鼠标、键盘、网线、电话线、打印机、数码相机等。当然，首先要断开的就是电源线，如图 5.1 所示。

2. 拆卸掉 PC 机箱盖。

提示

此时是观察当前主板（旧主板）和新主板区别的最佳时机。包括CPU、散热器和风扇等配件，都可以进行比较。我就遇到过许多旧机箱框架不能容纳新主板的情况（因为CPU、散热器和风扇等比较大，无法在电源后面藏身），最后的解决方案自然是只能选购一款新机箱，使所有部件都能容纳在内。

3. 拆除掉所有插卡支架上的螺丝，将所有插卡都拆卸下来。包括：显卡、网卡、调制解调器、声卡、电视卡等。

4. 断开所有部件的连接。常见的部件包括硬盘驱动器、软盘驱动器、光驱和电源等。你需要先断开所有部件的电源和数据连接线缆，然后才能将它们从主板上拆卸下来。

5. 从主板上断开电源线、数据线和风扇等的连接，如图5.2所示。这样将给我们留下一个清爽的操作空间。

6. 将主板及其安装支架（托盘）从机箱框架中拖出来，如图5.3所示。

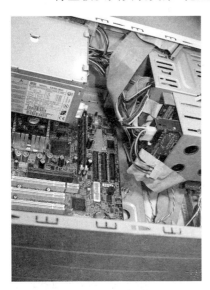

图5.2　拔下旧主板上的电源线　　　　图5.3　将安装支架（托盘）从PC机
　　　　和数据线等　　　　　　　　　　　　　箱框架中拖出来

7. 拆除托盘上固定主板的螺丝，将主板从托盘上分离出来，如图5.4所示。

8. 将新选购的主板放置在安装托盘上，检查安装所需的柱头螺栓和螺丝孔的对应位置，如图5.5所示，以便确定是否需要增加或拆除多余的螺丝安装点。

图5.4 拆除安装支架(托盘)上的旧主板

图5.5 使新选购主板上的螺丝孔和安装托盘上的安装点(柱头螺栓)完全对应

提示

主板上的每个螺丝孔都应该对应一个安装点,也就是说,不应该有空白的螺丝孔。另外,安装支架(托盘)上的每个安装点(柱头螺栓)都应该对应主板上的一个螺丝孔,也就是说,不应该有多余的安装点。

9. 如果主板上的某个螺丝孔没有对应的安装点,则主板在缺乏支撑的情况下可能会导致被损坏。为了保持主板的稳定和平衡,我们可以使用尼龙柱头螺栓来支撑它(图5.6),同时要记得使用钳子将它的尖顶部分剪切掉(图5.7)。

图5.6 对于缺乏螺丝孔对应的地方可以使用尼龙柱头螺栓来支撑主板

图5.7 使用钳子将尼龙柱头螺栓的尖顶部分剪切掉,以维持主板上该螺丝孔和其他螺丝孔之间的平衡

10. 在对齐安装点和螺丝孔之后,不要急于安装和固定主板,此时应该先将主板上的接口部分(就是包含鼠标、键盘、USB接口等的区域,如图5.8所示)推入到机箱框架背部面板中。

11. 根据对齐的螺丝孔和安装点,使用螺丝将主板固定在安装支架(托盘)上。在固定主板之后,再将其他插卡(包括显卡、网卡、电视卡等)分别插入到对应的插槽中,并且使用螺丝将它们拧紧固定。

12. 在安装主板之前,你可以先将CPU、散热器和风扇等都安装到主板上。如果你此前并未执行该步骤,那么现在你应该安装它们了。

图5.8 安装和固定主板之前,将主板上的接口部分推入机箱框架背部面板

提示

在安装散热器时,请严格按照安装说明书中的提示,在CPU和散热器之间涂敷散热硅脂。如果涂敷的散热硅脂过多过厚,则会降低散热器从CPU那里吸取和散发热量的能力;如果涂敷的散热硅脂过少过薄,则同样会降低散热器的散热功能,并且容易在间隙中存留湿气,对CPU造成损坏。所以,正确的方法是:涂敷均匀(可以用尺子来横刮硅脂表面,使硅脂均匀分布),稍薄勿多。

13. 在新主板上安装RAM内存条(如果你此前还没有安装的话)。在本章一开始,我们就曾经提到,更换内存条是最常见、最实用的三项升级操作之一。如果你的主板和CPU都是以前"奔腾3"(Pentium Ⅲ)或更早的产品,那么毫无疑问,你的内存条也需要更换。现在的内存条已经足够便宜,所以我们建议你购买速度更快的新产品。

14. 到目前为止,你已经为PC机新"核心"的首次测试作好了准备,只要接通电源就可以检测它是否能正常工作了。如果在此前的主板、CPU和内存条的安装过程中你都能保持足够小心的话,那么,到此阶段你的新系统应该能正常工作。

注意

你可以在尚未连接其他设备的情况下测试主板是否能正常工作。方法是:在一个比较空旷的平面(要求有足够的操作空间)上给主板连接上电源,然后进行测试。

· 在主板对应位置接通前面板 LED 指示灯、电源开关和其他导线的连接,如图 5.9 所示。在该步骤中,你可以参考主板使用说明书,以了解这些导线的具体连接位置。

· 将显示器的 VGA 或 DVI 接口插入到内置集成显卡或可插拔显卡的接口中,打开显示器,这样,当你开机时就可以通过显示器查看到新系统的开机自检画面和有关设置方面的提示信息。

· 连接键盘到新主板。

· 将电源连接到主板。

· 将电源插头连接到机箱电源,接通电源,深吸一口气,平息一下自己的呼吸,然后伸出你的手指……

· 按下主机电源开关按钮,观察 CPU 风扇在瞬间启动并一直保持旋转。如果它没有保持旋转,则可能是某些部件电源过载或其中某个电源的连接出现问题,此时应该立即切断主机电源连接。

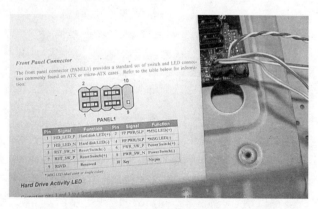

图 5.9　接通前面板 LED 指示灯和电源开关等

请确认你的 CPU 风扇电源接口已经连接到主板上。许多主板在未探测到CPU 风扇的情况下会自动关机。有些主板甚至会在没有发现机箱风扇的情况下也自动关机,所以,你需要仔细检查风扇的连接线路,确保无误后再开机。

此外,你还应该检查主机各项设备的连接,确认当前使用的电源足够给主板供电。举例来说,如果你使用的是一款 200～250W 的电源,那么它显然不能满足最新 AMD 和 Intel 双核高速 CPU 的要求。

● 在几秒钟过后,你应该可以从显示器屏幕上看到主板 BIOS 启动画面,也许还会出现"找不到硬盘"或"没有启动设备"的警告信息,这些都是完全正常的,它表示到目前为止,你的新系统没有任何问题。

● 关闭系统并拔下电源插头,准备完成剩余的组装工作。

15. 将拆卸下来的所有磁盘驱动器(包括软盘、硬盘和光盘驱动器等)再重新安装上,然后使用新主板提供的数据线和电源线将它们重新连接起来,如图 5.10 所示。本步骤完成之后,系统重装任务就算初步成功,因为现在你可以启动计算机进入 Windows 操作系统了(当然前提条件是你使用了原有的硬盘)。

图 5.10 将磁盘驱动器连接到新主板上

16. 在重新安装磁盘驱动器之后,再次打开计算机电源,系统 BIOS 将显示出错信息,提示发现"新"的磁盘驱动器,并且要求你进入 SETUP 程序调整设置。当然,也有一些主板仅仅是通知你出现新设备,然后允许你继续启动计算机。

17. 将新主板的驱动程序 CD 放入光盘驱动器中。在主机启动进入 Windows 操作系统之后,你可能会看到"发现新硬件"之类的信息,同时会出现"添加新硬件向导"对话框,提示你安装新主板芯片组和设备的驱动程序。在向导提示你选择驱动程序路径时,指定 CD 中的驱动程序文件夹位置即可。硬件安装完毕之后,向导会提示重新启动计算机。

提示 ◇◇◇◇◇◇◇◇◇◇◇◇◇◇◇◇◇◇◇◇◇◇◇◇◇◇◇◇◇◇◇◇◇◇◇◇◇◇
现在有些主板的驱动程序 CD(或 DVD)制作得非常人性化和傻瓜化,放入光驱之后,它会自动运行,允许用户选择安装硬件驱动程序。
◇◇◇◇◇◇◇◇◇◇◇◇◇◇◇◇◇◇◇◇◇◇◇◇◇◇◇◇◇◇◇◇◇◇◇◇◇◇

18. 当所有新设备的驱动程序都安装完毕之后,系统将重新启动,再次进入 Windows,此时你将欣喜地发现,一切功能正常,而且运行速度比以前快多了! 由于你的硬件系统面貌已经焕然一新(主板、CPU 和内存条这些重要的部件都已经更换），所以 Windows 操作系统可能会要求你重新激活，此时你可能会感到有些不知所措，其实大可不必，因为在升级的过程中你并没有做错什么，所以你只要拨打微软公司的免费 800♯ 电话，就可以根据技术支持人员的提示，获得新的激活代码，重新激活 Windows 操作系统。

19. 关闭计算机，断开电源连接，完成机箱外壳等的组装工作，这已经是升级操作的最后一个步骤了，恭喜你！

■ 小　结

给计算机的主板和 CPU 等部件升级应该是一件令人非常愉快的差事，因为它让你心中充满了期待，操作起来也并不复杂，而结果则几乎可以肯定会让你满心欢喜。如果你能结合本书前面三章的内容来升级计算机，那么你对 PC 硬件细节的了解将迈上一个新的台阶，到达一个崭新的高度。

组装你自己的电源保护设备 **6**

你的个人电脑电源插入到什么地方？对于大多数人来说，他们脱口而出的答案就是"电源插座"，一个普通的电源插座大概拥有 4～10 个插孔（其中有两相插孔，也有三相插孔），而最大的问题是，它没有任何电压波动（浪涌）保护功能，突然停电或者电压骤然升高都可能对个人电脑造成损害。市面上也有一些号称具备浪涌保护功能的电源插座，虽然其实际功能和效果比不上专门的电源保护系统，但是也基本上能保护你的个人电脑免受相邻电器设备所产生的电压影响。

那些号称具备浪涌保护功能的电源插座和普通的电源插座究竟有什么区别呢？原来，它们之间最大的区别就在于，前者多了一个小小的部件：金属氧化物变阻器，简称 MOV。这个玩意儿虽小，但是却扮演了电压箝或限压器的角色，使得高电压（电压波动）远离你的 PC。当交流电线的电压达到 130 或 150 伏特时，MOV 能有效地"击穿"电流源，导致保护性熔丝或断路器打开电路，吸收浪涌功率，使两极间的电压箝位于一个预定值，有效地保护连接的设备（如个人电脑、打印机、显示器等），免受各种浪涌脉冲的损坏。这样的设备虽然简单，但是在某些情况下还是很有效的。

当然，MOV 所能处理的高电压还是有限的，它只是比没有任何防护措施要强一些，你不要以为靠着这样一个简单的浪涌保护器，就可以让你的电器设备安全无忧，去面对那些真正的高压浪涌（例如伴随雷电产生的高压）。糟糕的电压给你的个人电脑或其他电器所带来的影响也许并不是立竿见影或那么明显的，但是它可以使得你的电器设备慢慢出现问题，随着时间的推移，出现问题的次数也越来越频繁，直至最后完全报废。对于你来说，购买个人电脑本身也许就是一笔投资，甚至以后还有可能再次加大投资，那么，为什么要让这种糟糕的电源来威胁你的投资呢？

绝大多数家用电子产品插头和电源插座等都无法承受雷电（无论是直接还是间接）所产生的超高电压的冲击，所以，不要奢望电源保护设备在任何环境中都能让你的电器设备安然无恙。我们所能指望的，就是依靠电源保护设备获得更加稳定而纯净的电流。

所谓"稳定而纯净的电流",是指不带任何噪音或噪音很少的、浪涌很小几乎不产生静电噪声的交流电源。如果你体验过吸尘器马达对电视机图像或调幅收音机信号的影响,那么你肯定会对"稳定而纯净的电流"的意思有生动而清晰的概念。是的,所谓"干扰"、"噪音"和"静电噪声"其实都是一个意思,它们在电源线中的存在没有任何价值,但是却会影响到你宝贵的个人电脑。

如果你的 PC 机在洗碗机、干衣机、电冰箱或吸尘器打开或关闭时有异常表现,那么,恭喜你,你的 PC 机可能受到了电源问题的困扰。不幸的是,到目前为止,你好像没有什么较好的解决办法?当你在使用功率较大的电器时(例如冷热空调、电磁炉等),如果计算机房间内的灯光忽明忽暗,或者显示器屏幕闪烁不定,则表明当前电源的电压较低,你可以使用不间断电源设备来缓解该现象,当然,出现这种问题也可能是由于危险的错误接线所引起的,这时你需要赶快去叫电工师傅帮忙检修。

本项目将为你打造一款电源线噪音滤波器和保护设备。相应的设备你如果到市场上去购买的话,可能需要花 500 元左右(根据复杂程度的不同,价格可能会更高),而在本项目中,你只要花费 200 元甚至更少,就能获得一些新的体验和心安的感觉。

本项目的核心部件其实很简单,就是 3 个(注意,不只是 1 个)提供浪涌保护的MOV,另外还有一条特殊的电源线滤波器,它可以降低噪音,也可以在一定程度上使某些电压波动变得更加平缓。

警告

在本项目中,你不但需要使用电动工具(电钻)和烙铁(非常烫)这样的危险物品,而且制作出来的电子设备也将连接到 120V 以上的电源线。如果你对用电项目感觉到害怕,那么请到此为止,勿再尝试。

未成年人在制作和测试本项目时,应该有父母或其他电子电路方面的指导老师在旁边监督。

■ 工具箱

- 电钻。
- 电钻的钻头——5/32in 和 1/4in 的钻头。
- 1/2in 和 5/8in 的 Greenlee 牌冲孔模或类似产品。
- 烙铁。
- 电子产品的焊料(60/40 或 63/37 混合品,非 50/50 或无铅焊料)。
- 剪钳。
- 针头钳。

- 一字螺丝刀和十字螺丝刀。
- 伏特/欧姆表(用于测试电路)。
- 安全眼镜/护目镜。

■ 零部件清单

- 6ft 长的三相"接地"12 或 14 规格延长电线。
- 2in×3in×6in 金属底座(可以从 Radio Shack 的分类目录中查到,编号是 270～238)。
- Corcom 品牌 10VR1 滤波器(在 Mouser.com 站点上的配件编号为 592～10VR1),也可以选择 Kobiconn 10CA1(在 Mouser.com 站点上的配件编号为 437～10CA1),或其他类似的两级交流电电线滤波器产品。
- 3 个 Littelfuse(力特)品牌的 TMOV14R130M(在 Mouser.com 站点上的编号为 576～TMOV14R130M)或 Radio Shack 分类目录中编号为 276～568 的 130V 的 MOV 部件。
- 3AG 尺寸熔丝的熔丝座①(在 Mouser.com 站点和 Radio Shack 分类目录中都可以找到该产品)。
- 10A 的 3AG 尺寸的快熔断型熔丝。
- 套管——绝缘和保护电源线需要用到,也可以选择混合线缆绝缘套管。
- 电线扎紧带(在使用套管时,需要用它来固定电源线的位置)。
- 12～18in 实心或绞股连接线(可能可以从电源线内部获得)。
- (6～32) in×(3/8～1/2) in 长的机器螺钉及其匹配的螺母(将滤波器安装到金属底座上时需要用到)。

■ 项目实施方案

本项目包含 3 个重要的部件,如图 6.1 所示。其中,熔丝可以提供最快的电路断开保护;电源滤波器可以降低干扰,并且为电源浪涌提供一些缓冲,这样 MOV 就无需作出实际反应烧断熔丝;至于最后一个重要部件就是 MOV 浪涌保护器,它最接近输出端,可以使电压峰值维持在最低水平。

电流通过标准电源线进入电路,遇到的第一道防线便是熔丝,滤波器和 MOV 则可以执行滤波工作,将纯净的电流留给电源插座和连接的电子设备(例如,PC 机)。

熔丝的性能是指熔丝对各种电流负荷作出迅速反应的程度。它通常可以分为三类:超快熔断型、快熔断型和慢熔断型三类。在本项目的保护电路中,必须使用

---

① 熔丝尺寸标准是从早期供汽车使用的玻璃熔丝开始的。"AG"这个标记,A 代表汽车,G 代表玻璃,即 Automobile Glass。AG 前面所用数字是按年代的顺序确定的,因为每一种新的规格尺寸的熔丝都是由不同的制造商开始生产的,例如,"3AG"就是第三种投放于市场的熔丝尺寸。3AG 熔丝产品的直径为 1/4in(相当于 6.35mm),长度为 5/4in(相当于 31.75mm)。

快熔断型熔丝而不是慢熔断型熔丝,这是因为 MOV 本身对浪涌的反应已经是非常慢了,当它达到自己的极限,开始箝制电压峰值时,你需要的是尽快断开电路,吸收浪涌功率。

滤波器是被设计用来显著降低噪音、无线电频率和某些快速电压峰值干扰的,如图 6.2 所示。除非出现特别严重的浪涌,否则,电流经过滤波器之后,再进入 MOV 都能有效降低干扰。

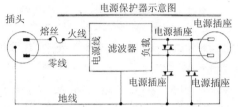
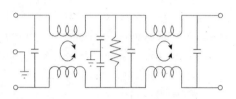

图 6.1 电源滤波器和保护设备的项目示意图 **图 6.2** 典型电源滤波器的内部示意图

当电源正常运行时,MOV 就静止地挂在电源线上,充当"守护神"的角色;当浪涌出现,电压升高达到预先设定的水平时,MOV 立即采取反应动作,其响应时间为 $1\sim3$ns。MOV 中的"V"就是变阻器,在响应的一瞬间,MOV 的电阻从完全值降到近乎 0Ω。MOV 使瞬态高电压找到了入地的通路。吸引过电流远离敏感的电气设备。MOV 把过电压泄漏掉。电气设备继续在正常的工作电压下运行。

图 6.3 电源保护项目的组件

电源的浪涌是以奇数方式出现在线路中的。使用 3 个 MOV 就可以应对在任意 3 条电源线中可能出现的浪涌:地线和交流电源线中的火线;地线和交流电源线中的零线;火线和零线。

如图 6.3 所示的这些组件可以处理 10A(1200W)的负载,这已经足够运行 PC 主机、显示器、喷墨打印机、DSL 调制解调器和家用路由器等设备了。如果你需要保护更多的设备,则需要制作出更多这样类似的产品。总之,本项目的电路很简单,目的也很简单——给个人电脑和周边设备提供更加稳定而纯净的电流。

■ 操作步骤

1. 在金属底座中安排各个组件的位置,如图 6.4 所示。注意:在所有电子组件的连接和金属底座边缘之间要留出 $1/4\sim1/2$in 的空闲位置,这既是操作空间,也是安全间距。

2. 在需要安装电源滤波器的地方做上标记,如图6.5所示,这里准备钻出一个5/32in的小孔;在需要安装熔丝座和线缆的地方也做上标记,如图6.6所示,这里需要使用冲孔模打出1/4in左右合适的小孔。

3. 使用电钻在底座上打出5/32in的小孔,如图6.7所示。

图 6.4　在金属底座中安排各个
组件的位置

图 6.5　标记电源滤波器安装孔的位置

图 6.6　标记熔丝座和电源线安装孔的位置

图 6.7　使用电钻在金属底座
的标记位置打出合适的小孔

4. 使用5/8in的Greenlee冲孔模(图6.8)打出安装熔丝座和混合线缆绝缘套管所需要的小孔。在线缆固定材料的选择上,如果不使用混合线缆绝缘套管而改为使用电线扎紧带和套管的话,则可以使用1/2in的冲孔模打孔。

5. 在底座上安装电源滤波器和熔丝座,如图6.9所示。另外,你还可以看到,我们使用了混合线缆绝缘套管来固定线缆。

图 6.8　使用冲孔模打出 5/8in 的小孔　　　图 6.9　　主要的组件已经就位,等待接线和焊接

6. 将其中一个 MOV 的两根导线分别连接到电源滤波器的两个负载终端(火线和零线),裁剪掉多余的电线,但是不要急于焊接。

7. 选择另外一个 MOV 的两根导线,其中一根连接到电源滤波器的某一个负载终端(无论是火线还是零线都行),另外一根导线则接地线;按同样的方法选择最后一个 MOV 的两根导线,其中一根连接到电源滤波器的另一个负载终端(例如,上一个 MOV 如果接的是火线,则这个 MOV 就接零线),另外一根导线同样接地线。具体接线方法请参考图 6.10。裁剪掉多余的电线,但是不要急于焊接。

8. 将预先准备好的延长电线一分为二。你可以根据自己的判断决定分属于插头和插座的这两部分哪一头长,哪一头短,或者干脆一样长。

9. 仔细裁剪和剥离每根电源线露在外面的绝缘外皮 3～4in。

10. 将属于电源插座那一端的电线插入到最靠近电源滤波器负载终端的绝缘套管中。

11. 将属于电源插头那一端的电线插入到最靠近熔丝座和电源滤波器电源线终端的绝缘套管中。

12. 测量从熔丝座到电源滤波器电源线的某个输入终端之间的距离,裁剪掉多余的电线,然后连接电线并开始进行焊接操作。

13. 将每根电线的绝缘层剥离 3/8～1/2in 左右。

14. 将每根电线的导线紧紧地拧结在一起,以防止磨损。

15. 使用烙铁给电线加热,然后进行焊接安装,注意使焊铁熔化并流入拧结在一起的电线中,这就是所谓的给电线"镀锡"法,它可以轻松地将电线牢固焊接在终端上。

16. 将两根电源线的绿色导线连接到电源滤波器的地线终端,并且进行焊接。由于滤波器的地线终端上还连接着 MOV 的导线,所以该操作意味着将两根 MOV 导线、两根电源线和滤波器的地线都固定在一起。

17. 将属于电源插座那一端线缆中的黑色电线直接连接到滤波器的负载终端（它所对应的电源线终端则连接到熔丝座），并且进行焊接。由于滤波器的负载终端上还连接着 MOV 的导线，所以该操作意味着将两根 MOV 导线、滤波器和电源线都固定在一起。

18. 将属于电源插座那一端线缆中的白色电线直接连接到滤波器的负载终端（它所对应的电源线终端则保留为空），并且进行焊接。由于滤波器的负载终端上还连接着 MOV 的导线，所以该操作意味着将剩余的两根 MOV 导线、滤波器和电源线都固定在一起。

19. 将属于插头那一端线缆中的黑色电线连接到熔丝座的空白终端，并且进行焊接。

20. 将属于插头那一端线缆中的白色电线连接到电源滤波器电源线端的空白终端上，并且进行焊接。在完成本步骤之后，线路连接工作就基本上告一段落了，如图 6.10 所示。

21. 如果你使用的是普通套管而不是混合线缆绝缘套管，那么你还需要使用电线扎紧带固定两根电源线的位置，防止它们被抽出金属底座。

22. 在熔丝座中安装一根 10A 的熔丝。

23. 如果你有伏特/欧姆表，则现在是测试电路中是否存在不当短路和断开连接现象的良好时机。

以下是测试时要注意的要点：

① 在任何黑色电线和白色电线（或绿色电线）之间绝对不应该存在任何连续性（应该是无限电阻才对）。

② 在任何白色电线和黑色电线（或绿色电线）之间绝对不应该存在任何连续性（应该是无限电阻才对）。

③ 从插头那一端的黑色电线到电源插座那一端的黑色电线之间必须存在完全的连续性（低电阻/无电阻）。相应地，在白色电线到白色电线之间和绿色电线到绿色电线之间都应该存在完全的连续性，因为只有这样，该项目才能向负载端连接的 PC 机等电子设备供电。

④ 如果在火线/黑色电线和零线/白色电线或地线/绿色电线之间不存在短路现象，那么你的新电路应该是安全的，并且可以使用高电压的交流电源进行"火线测试"。如果从电路的输入端（电源线终端）到输出端（负载终端）没有连续性（即：在黑色电线到黑色电线、白色电线到白色电线和绿色电线到绿色电线之间缺乏连续性），则设备无效，不过这多半意味着出现了一个或多个损坏的组件，而不是将出现恐怖的安全危险。

24. 给金属底座装上盒盖，如图 6.11 所示。注意，此时应仔细观察，禁止内部电线和金属盒盖有任何接触。

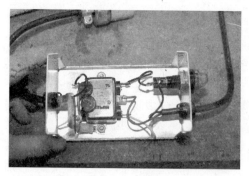

图 6.10 全部连接完毕的电源滤波器

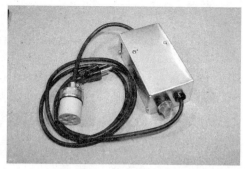

图 6.11 制作完成的电源保护设备

25. 重复步骤 22 以验证工作的完整性。

 提示

在接下来的操作步骤中,你可以将新制作的设备连接到交流电源,这是你确认自己的工作成绩的时候,你终于可以取下护目镜松口气了!

26. 将已经制作完成的电源保护设备插入到其他的电源插座中(最好该插座带有 ON/OFF 开关和保险丝或保护电路,并且开关处于 OFF 关闭状态)。

27. 先后退几步,和你新制作的电源保护设备保持一定的安全距离,然后将电源插座的开关切换到 ON 状态。如果一切正常的话,那么什么也不会发生——没有火星、没有冒烟、没有白光,也没有吓人一跳的"嘭嘭"声——太好了,这个时候没有变化就是最好的变化!

28. 将电源插座的开关切换到 OFF 关闭状态。

 提示

如果真的出现了上述不该出现的"戏剧性"变化,那么你应该牢记一句话:失败是成功之母!你可能遇到了某些未发现的问题,请仔细检查电路(主要是电线连接),然后更换熔丝再来一次。相信自己,你肯定行的!

29. 现在,你可以在插入了电源保护设备的电源插座上再插入一盏台灯(请预先检查确定它能正常工作,并且把它的开关打开),然后将电源插座的开关切换到 ON 状态,咦,灯亮了!

30. 恭喜你!虽然这不是什么令人激动万分的丰功伟绩,但它却是你前进道路上坚实的一步,它不但可以给你带来制作上的成就感,而且可以给你的电子设备带来实实在在的呵护,使它们可以在很大程度上抵御电压浪涌的冲击,从而使它们的性能更加稳定,工作寿命更长。

31. 断开所有连接,将电源插座的插头从墙上拔下来,然后插入到你"新鲜出炉"的电源保护设备中。

32. 将本项目(电源保护设备)的插头插入到墙上的插座中,然后将你的 PC 机和其他周边设备都连接到电源插座,从现在起它们就可以用上更加稳定和纯净的电源啦!

■ 小 结

将几个零碎的元器件用电线连起来,放进盒子里,然后又把它插入到墙上,无论从哪方面来讲,这都是一件很有意义的事情。它不仅解决了个人电脑及其周边设备受到电压浪涌威胁的问题,还可以给它们提供更加纯净的电源,使它们的工作状态更加稳定,性能发挥更加出色。当然,你也可以花高价去市场上购买相似的产品,但是那样不但要花双倍的价钱,而且这种自己亲自动手完成作品的成就感可不是花点钱就能买来的,不是吗?

WiFi 无线网络的安全防护

　　我相信,很多人都已经享受过无线网络的乐趣,因为它为我们提供了巨大的方便和灵活性。但是,你可能并不清楚,有一些"其他人"(未曾获得你的邀请或者你根本不认识的人)也在尝试着进入并享受你的无线网络,这是因为你当前所使用的WiFi(无线保真)网络系统可能没有任何保护措施,或者虽然有一些保护措施,可是这种保护措施所使用的,却是很容易被破解的有线等效保密协议(WEP)。

　　为什么安全性问题非常重要? 别忘了,WiFi 是无线网络,而无线电波的特点就是全方位广播,就好像当地的电视台或广播电台一样。有线网络的信号跑不出计算机连接的线缆、集线器和路由器,而无线网络则不同,它从本质上来说就是没有边界的。WiFi 无线电波是数据广播,正常情况下,室外无阻隔传输距离一般是300m,也就是说,和你相隔不是太远的人都能收到你传输的无线数据。WEP 是为WiFi 提供的第一种安全性类型的协议,它试图做到和你使用有线网络一样安全,这从它的名字上就可以看得出来——有线等效保密协议。

　　但不幸的是,WEP 显然名不副实,它做不到像使用有线网络那样安全,即便是"强化"之后的 WEP,采用了 64 位或 128 位加密方式,只要你使用专门的软件,仍然可以在几分钟之内"破解"它。这种软件可以对无线数据流取样,然后连续尝试代码序列,直至结果数据像 TCP/IP 信息包一样输出。当这种"破解"完成之后,你的无线网络就会对任何人敞开大门(只要他们拥有破解获得的"代码"),他们可以自由地发送或接收数据,使你的个人数据和 Internet 连接处于极度危险当中。

　　那么,具体有那些危险呢? 第一个危险是,他人可以窃取你的 Internet 访问权限(虽然付费的只有你)。如果让你屋外的人使用你的 Internet 连接,那么你自己的联网服务反而可能会被取消。第二个危险是,你毫不认识的某人可以访问你家的计算机,这将严重威胁到你的个人数据安全。如果你觉得这两条还不够糟糕的话,那么不妨设想一下你的 Internet 连接被滥用的情形:他们可能会用来发送垃圾广告、色情图文、木马病毒等,甚至可能用你的地址去尝试黑客攻击,最终搞得好像你就是作恶多端的那一个,替别人背黑锅的滋味可不好受啊。

　　有鉴于此,我们应该对自己的无线网络进行安全防护,这样不但可以避免法律和个人数据泄露方面的种种麻烦,还可以有机会提升无线网络的性能。我们建议你使用新的 802.11g 无线接入点替换掉原有的 802.11b 无线接入点,因为后者几乎没有安全性可言,而且速度很慢,新的 802.11g 无线接入点的传输速度比 802.11b 快 5 倍,并且提供了安全性更高的无线保护访问(WPA)加密机制。

由于 WPA 隐藏了你的计算机和无线接入点之间的数据加密代码,所以现在任何人想要确定你的秘密代码和渗透你的网络连接都变得非常困难。

升级到 802.11g 标准,可以极大地提高 WiFi 局域网的传输率(从 802.11b 标准的 5 ～ 10MB/s 提高到了 54Mbps,而绝大多数的企业宽带网速也不过 100Mbps),即将到来的 802.11n-MIMO(多重输入多重输出)标准更是达到了 600MB/秒的惊人速度。因为我们绝大多数人都仍然在通过光缆或 DSL 小区宽带上网,所以可能还感受不到 Web 性能改善的意义,但是,许多当前或日后的家庭网络应用(例如,通过 WiFi 进行音乐和视频分享)将越来越让我们体会到更高的网络速度所带来的好处。

注意

由于 802.11n-MIMO 标准尚未最终定案,所以目前市场还处于观望状态,未见厂商大量供货。有些厂家(例如 Belkin)正在销售 N 代之前的 WiFi 产品,这种"非正式"产品最好不要去购买,因为它可能和将来流行的产品不兼容。

对于无线网络升级而言,是安全性重要还是网络速度更重要呢?要回答这个问题,首先要看你拥有的是哪一种 WiFi 产品。如图 7.1 所示,我们可以看到各种较为"古老"的 802.11b 标准的 WiFi 产品,其生产公司包括 Belkin、AirLink、Linksys、D-Link 和 Netgear 等。这些产品都没有特别提到 802.11g,甚至在它们的使用手册中连一个大写的"G"字母都没有,显然它们属于需要升级到"G"的产品。

网络速度快当然很好,但安全性才是我们重点关注的对象。你需要确认自己的 WiFi 产品和个人电脑支持 WPA 加密机制。由于对 WPA 的支持并不是宣传重点,在产品上也不会有相关标记,所以你需要仔细阅读产品说明文档或访问生产商的 Web 站点,查看模块编号和具体设备的技术规范,这样才可以确定它是否支持 WPA。此外,你还可以看一看自己的 WiFi 设备是否有 WPA 支持固件或相关的升级驱动程序。最后,你还可以打开 WiFi 接入点中内置的配置网页,查看在安全性选项中是否提供了 WPA 这一项,如图 7.2 所示。

在图 7.2 所显示的配置网页中,还有一件事情要注意:SSID 没有改变,而是厂商默认的名称"LINKSYS",这对于黑客来说就是一个绝佳的提示,因为它意味着你可能尚未对无线接入点进行更多的安全设置。SSID(服务设置 ID)主要用来区分不同的网络,最多可以有 32 个字符。通俗地说,SSID 便是你给自己的无线网络所取的名字。需要注意的是,同一生产商推出的无线路由器或 AP 都使用了相同的 SSID,一旦那些企图非法连接的攻击者利用通用的初始化字符串来连接无线网络,就极易建立起一条非法的连接,从而给我们的无线网络带来威胁。所以你最好能够将 SSID 命名为一些较有个性的名字。

图 7.1　各种早期的 802.11b 标准的
WiFi 产品,它们的传输速率为 11Mbps,
并且不支持 WPA 加密机制

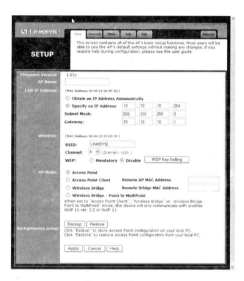

图 7.2　早期 WiFi 产品的配置网页中
并没有 WPA 这个安全性选项

对于个人电脑操作系统而言,Windows 95、98、Me、2000 或早期版本的 XP 都不支持 WPA,只有 Windows XP 家庭版或专业版 SP1 或 SP2 以及 Windows Vista 才支持 WPA。所以,如果你的操作系统还停留在早期版本,那么现在已到该升级的时候了。

在选购新的 WiFi 设备时,你需要仔细查看产品说明书,了解它是否是 802.11g 模块的产品,是否支持 WPA 等。如果感兴趣的话,你还可以去深入研究各种产品所使用芯片组的不同,或者比较一下它们的兼容性。在 PC World 杂志上曾经发表过一篇很好的文章,比较了各种 802.11g 产品的性能,其网址为

　　http://www.pcworld.com/reviews/article/0,aid,116279,00.asp

如果你愿意在 Internet 上搜索各种品牌的无线网络产品,就会发现许多和 54Mbps 传输速率 802.11g 标准相关的技术,名堂繁多,不一而足。例如 Super G、Extreme G、Turbo G 和 Afterburner 等。每个技术名词的后面都缀着一个特定的品牌或芯片组,号称能实现更高的网络速度。实际上,制造商 D-Link 和 Netgear 使用的都是 Atheros 公司的芯片,他们宣称自己的产品能达到

108MB/s 的传输速率（当然，这只是单纯从理论上来说的）；LinkSys 和 Belkin 公司使用的则是 Broadcom 公司的芯片组，他们更是宣称自己的产品理论传输速率达到 125Mbps。

所有这些产品都兼容 54Mbps 的 802.11g 产品（图 7.3），所以它们实现 54MB/秒的传输速率应该没有任何问题。但是，如果你真的想要获得更高的网络速度，则不能将 LinkSys 或 Belkin 的产品与 D-Link 或 Netgear 的产品混合使用，因为它们实现更高网络速度的方式是不一样的。

还有一点需要注意的是，Super G 设备是以单独的 Super G 模式运行的，这种模式需要使用 3 个不相重叠的 WiFi 频道中的 2 个，这意味着，如果你在一个具有多重无线接入点的网络中使用它们，则可能会出现一些问题。例如，我有 2 个无线接入点，一个覆盖我居住的地方，另外一个覆盖我的办公室和院子，在这两个无线接入点重叠的覆盖区域，Super G 产品不能正常工作。

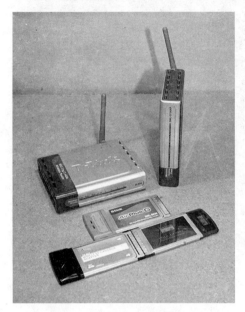

图 7.3 各种 802.11g 标准的 WiFi 产品，它们的传输速率为 54Mbps，而且支持 WPA 加密机制

采用 Afterburner 技术的产品会固定使用一个频道，在其中填满数据。对于你自己和邻近的 WiFi 网络来说，这样的产品显得很"友好"，因为它不霸占频道。

接下来你应该考虑的问题是，要购买一个内置路由器/防火墙的 WiFi 无线接入点还是一个简单的、不带路由器/防火墙的无线接入点。如果你只有一个 DSL 宽带调制解调器，而没有单独的防火墙/路由器，则毫无疑问还是应该选择全功能的无线接入点。

相对来说，我自己更愿意保持网络功能的独立性和灵活性，所以我使用了单独的调制解调器、单独的路由器/防火墙，然后又添加了一个只有 WiFi 连接功能的无线接入点，这样做的好处是，我可以在丝毫不影响操作系统和有线局域网的情况下，轻松关闭或重新配置无线网络。

在了解上述基本知识之后，现在让我们来经历一次典型的无线网络升级之旅。

■ 零部件清单

• 支持 WPA 加密的 802.11g 无线接入点。在本项目实例中，我们选择的是 D-Link 品牌的 DWL-G700AP。

　　• 可以在笔记本电脑中使用的 802.11g 标准无线网卡。在本项目实例中,我们选择的是 D-Link 品牌的 DWL-G630 卡,它们同属于一个公司的产品,相信在兼容性方面应该不存在问题。

　　■　**安装新无线接入点(AP)的操作步骤**

　　1. 断开已有 WiFi 无线接入点的连接。

　　2. 连接新的 WiFi 无线接入点——包括电源和网络连接。注意,你不能通过无线配置自己的无线接入点,因为这样会给你带来严重的安全风险。你必须在个人电脑和无线接入点之间使用有线网络连接(并且这种连接可能通过你的网络集线器),然后再通过有线网络连接访问无线接入点内置的设置网页。

　　3. 依照无线接入点的信息提示,打开浏览器并访问无线接入点的 IP 地址。例如,我所使用的 DWL-G700AP 产品,其地址为 192.168.0.50。

　　4. 当无线接入点响应了浏览器的请求之后,要输入用户名和密码,以登录无线接入点。默认的用户名为 admin,没有密码,所以你可以在用户名框中输入 admin 之后就单击 OK 按钮确定。

　　5. 这时,在无线接入点主页中间将出现 Run Wizard(运行向导)按钮。单击它即可开始配置无线接入点,如图 7.4 所示。在出现的对话框中,单击 Next(下一步)按钮进入下一个对话框(图 7.5),设置当前无线接入点 admin 用户的密码,然后继续单击 Next(下一步)按钮。

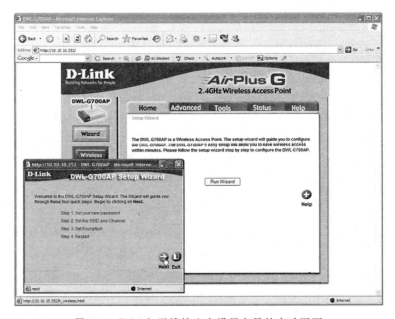

图 7.4　D-Link 无线接入点设置向导的启动画面

6. 在出现的对话框(图 7.6)中,修改 SSID(名称),这是为识别你的无线网络用的,但是它并不能用于标识你自己或你的位置。简单地说,SSID 就是一个局域网的名称,只有 SSID 名称设置相同的电脑才能互相通信。SSID 通常会由无线接入点广播出来,通过 XP 自带的扫描功能可以查看当前区域内的 SSID,所以,出于安全考虑可以不广播 SSID,这样用户就要手工设置 SSID 才能进入相应的网络。在输入 SSID 之后,即可从 Channel(频道)下拉菜单中选择一个频道,再单击 Next(下一步)按钮继续。

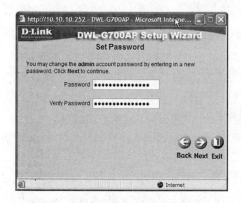
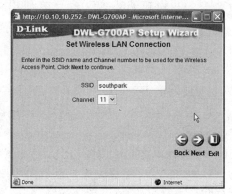

图 7.5　设置无线接入点的本
　　地管理员密码

图 7.6　重命名无线接入点的 SSID
　　并且选择一个频道

提示

　　802.11b 可以提供 11 个可能的 WiFi 频道,它们绝大多数都会和相邻频道重叠,产生干扰,导致性能降低。在这 11 个可用的频道中,只有 3 个频道是不会重叠的,即频道 1、6 和 11。当你附近有 2 个或 2 个以上的无线接入点时,无论它们的网络是否和你的网络相同,你都需要选择不会重叠的频道。绝大多数无线接入点都会被设置为频道 1 或 6,很明显,如果你也选择这 2 个频道的话,就有可能要承受更多的干扰和黑客攻击,所以,频道 11 反而是一个不太符合常规的更好的选择。

7. 在最后一个设置对话框(图 7.7)中,你可以选择安全和加密类型,并且提供一个 passphrase(密语字符串)。Windows XP 支持 WEP 和 WPA-PSK 两种加密方式,而 WPA 则更加安全,它允许灵活组合密语代码,所有无线网络客户端都必须"知道"密语代码才能进行连接。请从 Security(安全性)下拉菜单中选择 WPA 或 WPA-PSK,然后输入密语字符串。该字符串可以组合字母和数字,也可以是一条复杂的短语(越复杂越安全)。Confirmed Passphrase(确认密语字符串)表示需要你再次输入,确认两次输入无误。最后单击 Next(下一步)按钮完成设置。

你还可以在无线接入点的主控制页面中查看到这些设置。例如,选择左侧菜单栏中的 Wireless(无线网络)之后,即可看到 Home(主页)、Advanced(高级选项)、Tools(工具)、Status(状态)和 Help(帮助)等标签,如图 7.8 所示。全部设置完成之后,重新启动无线接入点即可激活这些设置。

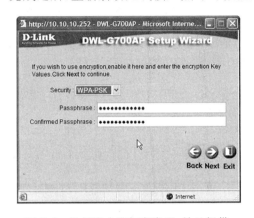

图 7.7　选择安全和加密类型,并且提供一个 passphrase(密语字符串)

图 7.8　在 Home(主页)标签中可以重命名 SSID、选择频道和加密类型、设置密语字符串等

■　安装新 WiFi 卡的操作步骤

1. 拆卸掉所有个人电脑上原来安装的早期无线网卡。在将新 WiFi 卡连接到个人电脑之前,请首先给笔记本电脑上的新无线网卡安装驱动程序。

2. 连接/插入新无线网卡,并且按顺序确认新驱动程序已经安装完毕,可以正常工作。如果一切顺利的话,系统将提示发现新的无线网络,然后提供选项,允许你进行连接/配置。接下来还会有若干步骤,告诉你如何为新的无线接入点设置更加安全的连接。

3. 此时系统应该弹出 Wireless Network Connection Properties(无线网络连接属性)对话框(图 7.9),如果没有出现该对话框,则可以单击Windows XP 操作系统左下角的"Start"(开始)按钮,选择"Control Panel"(控制面板),然后双击"网络连接",显示当前系统所有可用的网卡,如图 7.10 所示,新的无线网卡应该就在其中,名称一般应该是Wireless Network Connection(无线网络连接)。选择它之后使用右键单击,然后在出现的关联菜单中选择"属性",在出现的 Wireless Network Connection Properties(无线网络连接属性)对话框中选择 Wireless Networks(无线网络)选项卡。

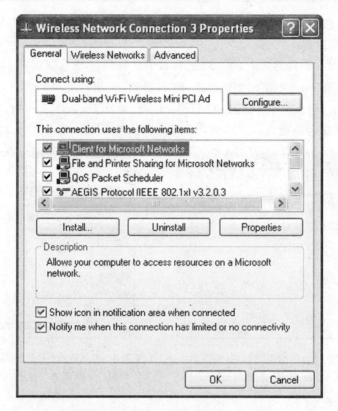

图 7. 9　Windows 无线网络连接属性

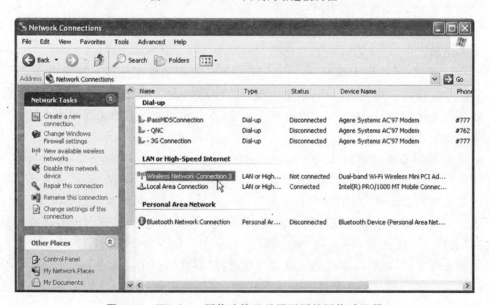

图 7. 10　Windows 网络连接显示了可用的网络适配器

4. 在 Wireless Network Connection Properties(无线网络连接属性)对话框的 Wireless Networks(无线网络)选项卡(图 7.11)中,单击 Add(添加)按钮,打开新网络的设置页面,如图 7.12 所示。

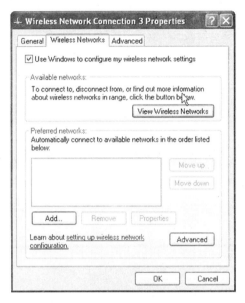

图 7.11　在无线网络对话框中可以打开和
　　　　　访问所有无线网络设置

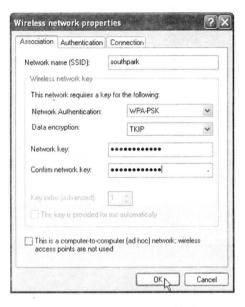

图 7.12　在无线网络属性对话框中可以
　　　　　访问安全设置

5. 输入在配置无线接入点时所使用的 SSID 名称,从 Network Authentication (网络验证)下拉菜单中选择WPA-PSK, Data encryption(数据加密)方式选择 TKIP,然后在 Network key(网络密匙)框中输入在配置无线接入点时所使用的密语字符串。Confirmed network key(确认网络密匙)表示需要你再次输入,确认两次输入无误。所有设置完成之后,单击 OK 按钮,你就可以在 Preferred networks(首选网络)列表中看到新的无线接入点了,如图 7.13 所示。

6. 单击 OK 按钮关闭网络属性对话框。无线网络设置完成,你可以去尽情享受了。

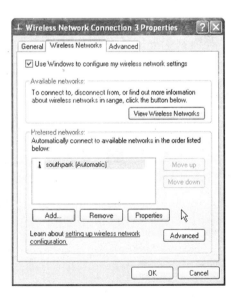

图 7.13　可用网络出现在首选网络列表中

■ 小　结

　　安装或替换无线网络本身很简单，无非就是一个拆开包装、插上设备、然后开始玩的过程，但是，如果你按默认设置运行的话，那么你的网络将很容易受到攻击。所以，学习和了解本项目，对无线网络进行恰当的设置，可以保证你的网络更加可靠、性能更好、数据更安全。

动态画框

你是否曾经在某些专业商店或网络零售商那里看到过数字图片的动态画框？当你第一眼看见它的时候，是不是感觉它可以通过数字图片的形式记录某个人的年龄和阅历，从而取代传统的相册？还是你认为它只是一个好玩但是有点昂贵的新鲜玩意儿？确实，这种产品的售价高达 2000 元左右，但它只不过是使用了一块 LCD 显示屏，再加上一点计算机内部装置，购买它好像有些不值得。所以我们现在就来教你如何制作自己的动态画框，而且我们的项目还可以随意更新要显示的图片，一切都按照你的意思来！

对了，认真说起来，这个创意其实并不新鲜，我们大家都会给个人电脑的Windows操作系统更换桌布或屏幕保护程序，而动态画框的设计概念就和它们如出一辙，只不过我们要专门将它摆放在办公室或送给老奶奶作为一份独特的礼物。

要制作和维护本项目，其实也很简单，你只需要一台廉价的笔记本电脑、某些幻灯片演示制作软件、再加上你所选择的图片就可以了。当然，你可能还没有奢侈到把一台日常使用的笔记本电脑当作摆设的地步，所以我建议你去购买一台廉价的笔记本电脑（千元左右的二手笔记本电脑就行），因为我们只要能显示图片就可以了。可能你会说，为了它专门买台笔记本不合算，但是你想一想看，既然能花 2000 多给老奶奶买一个华而不实的"动态画框"产品，为什么就不能花更少的钱自己打造一份更加个性化的礼物呢？

由于本项目的特殊性，我们并不需要功能特别强大的计算机，对 LCD 的屏幕分辨率也没有特别的要求，800×600 像素或 1024×768 像素都可以，操作系统则任君选择，Windows 95、98、Me 或 XP 都可以，因为只要能运行幻灯片演示软件就行。至于存储器方面，有 8～12GB 的硬盘就算是满意，内存有 64～256MB 就足够了，因为我们只要它能启动操作系统并显示数字图片就可以。

好了，选购条件已经很清楚了，那么，究竟应该购买哪种笔记本电脑呢？据我所知，绝大多数品牌（例如东芝、惠普和戴尔等）比较便宜的笔记本电脑体积都可能相对比较大，不适合摆放，所以，我认为比较好的选择是 IBM ThinkPad 600、600E 或 600X，因为它们相对而言更薄、更轻，而且完全可以运行任何幻灯片演示软件。除了它的轻、薄优势之外，ThinkPad 系列笔记本电脑还以扁平化和黑色设计闻名，在许多装饰场合都是一道亮丽的风景，夺人目光。如果你能购买到 T20、T21、T22 或 T23 等产品那自然更好，至于更高等级的 IBM T 系列笔记本电脑（例如 T4x、T6x 等），即便是二手货价格也不低，而且即便买到手的话，你可能也会拿它正常使用，而不舍得将它就当个摆设。

要想购买到价廉物美的二手笔记本电脑，上网淘宝可能是一个比较好的选择，另外，你也可以到一些二手笔记本电脑专卖店去碰一碰运气，总之，随着笔记本电脑价格的普遍降低，现在要以千元左右的价格购买一台还算不错的二手笔记本电脑并不算一件难事。如果你想要通过遥控电脑、改变幻灯片图片显示的话，则需要另外再购买一块有线或无线网卡。

如果你只想让人看到演示屏幕，而不想让人知道它是由笔记本电脑改装的，那也好办，你可以找一些材料将键盘部分包装起来，然后进行油漆粉刷，使它能融入展台的整体装修风格。我自己就使用木料对笔记本电脑做过这样的"装饰"（具体效果请参考图 8.14），你也许能从中获得一些启发。

■ 零部件清单

• 廉价的二手笔记本电脑——千元以下即可。

• Windows 操作系统——最好能安装 Windows XP，因为它包含了绝大多数我们所需要的驱动程序，并且提供了内置的远程控制功能。

• 幻灯片软件——这样的软件有很多，例如 Google Picasa、Microsoft Photo Story 3 for Windows 或 Cerious Software 公司的 ThumbsPlus 等。

• 有线或无线网卡（可选）。

• 大量家居照片或风景照片。

■ 操作步骤

图 8.1 将变身为动态图像框并且具备有线或无线连接功能的普通笔记本电脑

1. 安装一个干净的 Windows 版本。由于在本项目中我们不需要运行一大堆应用程序，所以内存和硬盘空间都不成问题。如果要让笔记本电脑通过有线或无线网络连接到其他计算机，则应该安装反病毒软件，防止木马入侵，或者至少打开 Windows 防火墙。如图 8.1 所示就是我们准备的 IBM 笔记本电脑，旁边的附件是有线和无线网卡。

2. 安装你所选择的幻灯片软件——Google Picasa、Microsoft Photo Story 3 for Windows 或 Cerious Software 公司的 ThumbsPlus。你可能会问，为什么不使用 Microsoft PowerPoint 呢？它可是非常有名的幻灯片编辑和放映软件，没错，它是很出名，同时它也属于 Microsoft Office 套装软件之一，但是安装 Office 不但要耗费大量的系统资源，而且更关键的问题是它太贵了。

提示

Microsoft 公司的 Photo Story 软件和 Google 公司的 Picasa 软件都允许用户创建单个数字电影文件,循环播放选定的数字图片,并且带有非常平滑的淡入/淡出和缩放等过渡效果。Microsoft Photo Story 可以使用图片制作 Windows 媒体视频(WMV)格式的文件,并且允许用户指定某个音频文件作为影片的音轨(配乐),但是它只能使用 Windows "媒体播放器"进行播放。Google Picasa 软件则可以将幻灯片演示制作成 AVI 格式的视频文件,但是不能给影片配乐。AVI 视频是最常见的电影格式之一,许多播放器都可以播放。

ThumbsPlus 软件可以将幻灯片演示制作成单独的可执行程序,这样做的好处是不需要任何播放器,但是它也不支持在幻灯片演示中添加音轨。抛开视频文件格式和播放器的事情不谈,我个人比较喜欢用 ThumbsPlus,因为它可以帮助我处理许多数字图像方面的杂事(例如,本书的插图就是使用 ThumbsPlus 处理的),所以,在接下来的步骤中,我也将以它为实例讲述如何创建幻灯片演示。

3. 选择要在幻灯片电影中显示的数字图片。在图片格式方面并没有特别要求,只要是 ThumbsPlus 能识别的图片文件格式就可以(例如 JPEG、GIF、BMP、TIFF 等)。不过我们建议你将所有图片文件都复制到某个容易识别的文件夹中,这样更容易将它们作为一个组来管理。

4. 运行 ThumbsPlus 并浏览包含目标图片的文件夹。在本实例中,我所建立和使用的文件夹是\EvilGenius\PicFrame\Slideshow,如图 8.2 所示。在此位置可以轻松查看所有图片,并且再经过三步操作就可以制作幻灯片演示电影。

5. 在选定目标图片之后,单击 Image(图像)菜单,选择 Build Slide Show(创建幻灯片演示)命令,如图 8.3 所示。该命令将立即启动制作幻灯片演示电影的过程。

6. 在出现的 Build Slide Show(创建幻灯片演示)对话框中,你需要设置以下选项:指定幻灯片电影的名称和保存位置、图像的格式和品质、是人工控制图片的演示还是让程序自动换图(自动换图时可指定换图的延迟时间)、是否需要将图片细节作为标题显示等。

图 8.2 使用 ThumbsPlus 软件预览和选择要循环滚动显示的图片

图 8.3 在选定图像之后，单击 Image(图像)菜单中的 Build Slideshow
(创建幻灯片演示)命令

如图 8.4 所示,我选择了使用 JPEG 文件格式(因为它是最为流行和常用的图片分享格式,也是很多数码相机的图片保存格式),图像的分辨率为 1024×768;每隔 30s 自动换图;在屏幕上不显示图片细节文本。单击 Next(下一步)按钮进入最后一个步骤。

图 8.4 设置 ThumbsPlus 幻灯片电影的文件名和选项

7. 幻灯片电影创建的最后一个步骤,如图 8.5 所示,是决定是否需要对整个幻灯片电影进行文字介绍。如果需要的话,即可选中 Display this message on slide show startup(在幻灯片电影启动时显示本消息)复选框,然后在 Message(消息)框中输入介绍性的文字。对于我们这个项目而言,它的意义不大,因为该消息在动态画框中只能显示一次,所以可以忽略。单击 Finish(完成)按钮,即可创建幻灯片电影。

数秒钟之后,所有目标图片都将按指定的格式组合到一个独立的演示程序中,你既可以在动态画框（笔记本电脑）上运行它，也可以将它发送给你的朋友，让他们来共同分享你的作品。如果要让笔记本电脑开机之后自动播放该电影，则可以将它复制到 Windows"开始"菜单＞"程序"＞"启动"文件夹中，这样它就可以开机自运行了。如果你使用 Google Picasa 或 Microsoft Photo Story 软件，那么它们的创建过程也基本相似，如图 8.6 和图 8.7 所示。

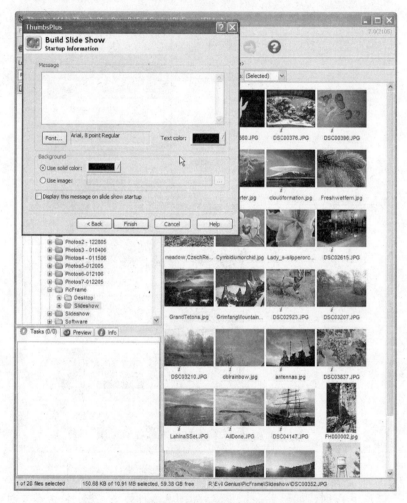

图 8.5 添加介绍性文字并创建幻灯片电影文件

经过上述操作之后，你已经获得了一个基本的数字图片动态画框。要改进该项目，可以从三个方面入手：一是给电影添加音轨（配乐）；二是设置远程网络控制，访问和更新图片；三是将笔记本电脑装饰一下，让它更像真正的动态画框产品。在第二项改进措施中，之所以要设置远程控制，就是为了在不拆卸笔记本装饰外壳的情况下，修改幻灯片电影显示内容。

图 8.6 使用 Google Picasa 软件创建幻灯片电影

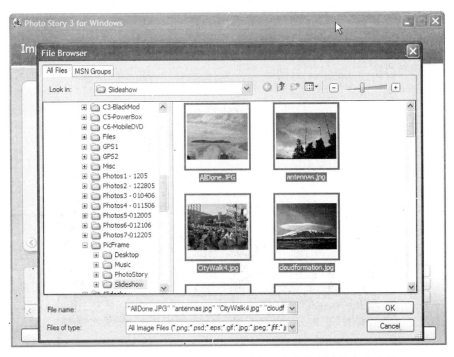

图 8.7 使用 Microsoft Photo Story 选择图片文件创建幻灯片电影

■ 音乐画框

在我们所看到的实际"动态画框"产品中,不但有图像的循环显示,还可能是带有音乐的。而我们的仿制品既然是用笔记本电脑改造的,那么给幻灯片电影配上点音乐还不是手到擒来,小事一桩? 不过,到目前为止,我们的幻灯片电影仍然是"沉默"的,虽然已经有背景音乐素材了,但是,要怎样才能将它们合成到一起呢?

在选择配乐时,你可以使用 Windows"媒体播放器"添加播放列表的功能,将一系列主题相似的背景音乐组合在一起播放,以配合你的图片演示。例如,如果当前演示的是山川、河流、森林的图片,则可以播放激流飞瀑、清脆鸟鸣的背景音乐,在这样的作品面前,相信你的观众会为之深深陶醉的。

当足球季节到来的时候,你可以将幻灯片换成自己喜欢的球队和球员的图片,同时播放战斗和前进的音乐,你的伙伴们可能会被这样一个新鲜玩意儿迷住的。

当假期来临,你可以将全家人在海边度假拍摄到的图片编辑成组,通过"动态画框"循环播放,再配上适当的背景音乐,碧海蓝天,波涛声起;篝火晚会,迷人的小夜曲,这一切,是否构成了你们对美好生活的温馨回忆?

要给幻灯片电影配上背景音乐,请按以下步骤操作:

1. 将你喜欢的 MP3 或 WAV 音频文件复制到幻灯片电影所在的笔记本电脑中。

2. 打开 Windows"媒体播放器",单击"文件"菜单,选择"添加到媒体库">"添加文件夹"命令,如图 8.8 所示。

图 8.8 使用 Windows"媒体播放器"建立一个新的播放列表

　　3. 在出现的"添加文件夹"对话框中,选择包含 MP3 或 WAV 音频文件的文件夹,如图 8.9 所示。"媒体播放器"将建立一个临时的播放列表,如图 8.10 所示。你可以对这个临时播放列表进行编辑,编辑完成之后即可保存,如图 8.11 所示。

图 8.9　选择播放列表要查找的文件夹

图 8.10　Windows 创建歌曲的播放列表

图 8.11 保存播放列表

在创建和保存播放列表之后，你可以指定它重复播放，以配合幻灯片演示，如图 8.12 所示。

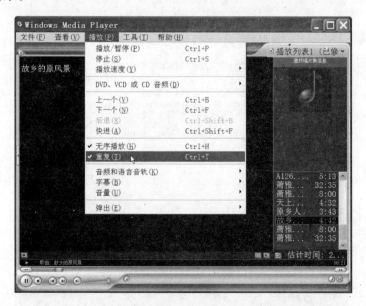

图 8.12 将 Windows"媒体播放器"的播放方式设置为"重复"

■ 远程控制

要通过网络修改幻灯片电影的内容，则可以启用 Windows XP 操作系统自带的远程控制功能（注意，必须是 Windows XP 专业版才行）或在笔记本电脑中安装某种 VNC 远程控制台服务器程序（这样的程序有很多，例如 RealVNC 或 UltraVNC等）。VNC 可以很好地在 Windows XP 家庭版、专业版中运行，功能完全相同。

在 PC 机和笔记本电脑之间建立了有线或无线网络连接之后，你就可以使用 PC 机上的远程控制程序连接并控制笔记本电脑中的幻灯片电影。如果你使用的是 Windows XP 自带的"远程桌面"功能，那么在 PC 机上就可以直接操作笔记本电脑，如图 8.13 所示。

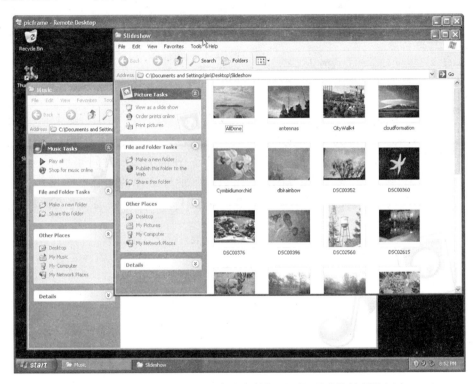

图 8.13　通过 Windows XP 专业版的"远程桌面"功能控制笔记本电脑中的动态画框图片演示程序

■ 给画框加个框

在给动态画框的电子部分（笔记本电脑）设置完毕之后，你可能还希望给它添加一些装饰，以使它看上去更像是一件"艺术"作品。在本项目实例中，我分别给笔记本电脑的键盘和显示器部分制作了一个橡木"外套"，如图 8.14 所示，现在你看不到笔记本了，你所看到的就是一件橡木工艺品，并且还能显示高分辨率的数字图片。

考虑到笔记本电脑的通风问题，键盘"外套"我只设计了三面：前面、左面和右

图 8.14 已经制作完成的动态画框

面,而顶面则是一块胶合板,所有这些都是通过胶水粘在一起的。简单,但是有效。

制作显示器的"外套"也很容易,选择那种很薄的平板,裁剪成合适的大小,然后在背面使用胶带粘住就可以了。注意:液晶显示器最好能保持一个比较恰当的欣赏角度,这样不但显得很自然,而且能获得更好的图片显示效果。

完成动态画框主体的装饰之后,你还可以在上面摆放几个小零碎(例如怀表什么的),这样就更加能呼应本项目的"工艺品"身份了。

■ 小 结

如果你不买笔记本电脑而想完成本项目的话,那么你需要使用板锯、刳刨机、弓锯、自动敲钉机、木板胶、灰泥、砂纸和着色剂等,外加更多的时间和精力。但是,无论如何,这个项目本身还是不错的,它可以清晰地展示你的家庭温馨时刻、孩子成长印迹、假日轻松时光、旅游休闲画面等,再配以舒缓和谐的音乐,将给你和家人带来栩栩如生的回忆。

移动娱乐

有些问题看起来很简单，别人解决完了之后你也觉得很容易，可是在别人解决问题之前，你可能怎么也想不到解决的办法，这就是一个思路问题。好了，现在我就想问你一个问题：如果你结伴驾车从北京到海南，那么，你如何解决这一路上游伴百无聊赖、昏昏欲睡的问题？

我相信你肯定在大型客车或豪华 SUV（运动型多用途车）上看过那些所谓的经典功夫片、好莱坞电影等，没错，我们的解决方案和它有点类似，那就是在车上安装自己的"DVD 播放系统"，而且比它们的 DVD 机更加容易携带、功能更全面，保证你的游伴能从北京一路玩到海南。

我在设计项目可行性的时候通常有两个重要的评分指标：要么简单而有效，要么具有拓展潜力。主要目标确定之后，如果某项目能简单干脆地达成目标，那么该项目就可行；或者，该项目虽然不那么简单易行，但是具有进一步拓展的空间，那么该项目无疑也是不错的选择。幸运的是，在解决驾乘乐趣这个问题上，我们的这个项目同时具备了这两个特征：简单有效、同时又具有可拓展性。

你可能已经想到了这个项目最大的关键，没错，就是一台笔记本电脑。在汽车上安装一台笔记本电脑而不是普通的车载 DVD 播放器，这个想法显然更加符合"移动娱乐"的本义。

在具体执行本项目之前，我们不妨对车载 DVD 播放器和笔记本电脑进行一些比较。首先，如果要购头车载 DVD 播放器的话，其价格大概在 2500 元左右，如果你愿意将就二手笔记本电脑的话，这个价格也能购买到不错的产品。当然，总体来说，价格方面是笔记本电脑的劣势，但是，如果你原本就有笔记本电脑的话，那么这个劣势就不存在了，反而成了一种优势，因为你不需要购置新设备；其次，车载 DVD 播放器内置的 LCD 屏幕非常小（只有 7～10in，屏幕越大则越贵），这么点大的屏幕看电影，其效果显然是……不爽，远远比不上漂亮绚丽的笔记本电脑屏幕（尺寸一般为 12～15in，屏幕大小和价格的关系不大）。再次，车载 DVD 播放器安装之后基本上就算是固定了，而笔记本电脑则可以四处背着走，进帐篷、入营地、上宾馆、去公司，随处都行，而且小偷也不容易惦记。最后，笔记本电脑的功能可不是单纯的 DVD 播放器所能比拟的,在这方面,两者完全没有可比性。

当然,要完成本项目,光有一台笔记本电脑是不够的,现在就让我们罗列一张零部件清单,看一看究竟还需要哪些东西。

■ 零部件清单

• 笔记本电脑——首先,必须有 DVD 播放器;其次,可以运行 Windows XP 家庭版或专业版,这对于 CPU 速度、内存容量和硬盘空间等都有一定的要求。不过我敢说,只要是近 3 年内出厂的笔记本电脑,都完全可以满足这些要求。购买的最低配置如下:800MHz 以上的 CPU 速度(Pentium Ⅱ或更高核心),512~1024MB 内存,40GB 硬盘。如果内存不足的话,可以进行升级增加。

• DC(直流电)电源适配器或适用于 AC(交流电)电源适配器的 DC 电源转换器。这也算是本项目的关键。大多数商用笔记本电脑(例如,IBM ThinkPad 或 Dell Latitude 系列产品)都有 DC 电源适配器,它们通常被称作"多功能车载电源"。市场上也有一些非原装品销售,不过你在购买时要选择功率高于标准 AC 电源适配器的那种。

如果买不到上述设备,那么你也可以购买一个 100~140W 的转换器。在绝大多数电器商店甚至汽车配件商店都可以买到这种 DC-to-AC(直流转交流)转换器/适配器,它也可以在你现有的 AC 电源适配器上使用。

• DVD 播放器软件。许多笔记本电脑都自带播放软件,我们推荐你使用 WinDVD(www.intervideo.com)和 PowerDVD(www.cyberlink.com),另外,国产的"暴风影音"和"超级解霸"也相当不错。

• 耳机。没有耳机肯定不行,因为会影响到其他人。

• 耳机二分头。分享是一件好事,但不应该是一人一只耳塞,而是一人一副。

• FM 调制器。可以通过汽车音响系统播放 DVD 音频。

• 汽车安装支架/平台。网络上有许多这样的东西在出售,而且是买来就可以安装的成品。不过,如果你能跑一趟硬件商店的话,就会发现制作这个东西并不复杂,而且能享受到更多的乐趣。

■ 操作步骤

1. 升级笔记本电脑内存。如果你的笔记本电脑只有 256MB(甚至更少)的内存,则需要考虑升级一下内存。你可以先检查一下笔记本电脑现有的内存插槽,如图 9.1 所示。如果插槽已满,则需要将 2 条(64MB 或 128MB 的)内存条都取出来,然后重新安装 2 条 256MB 或 512MB 的内存条。有些比较"古老"的笔记本电脑(特别是 Pentium Ⅱ 和某些 Pentium Ⅲ 系统)不支持 1GB 的内存,但是,只要有可能,就应该尽量扩大内存容量。

2. Windows 安装。只要笔记本能支持,就应该安装和使用最新的 Windows 版本。

3. DVD 播放软件。一般来说,安装这样的软件也就是几分钟的任务,你只要一直单击 Next(下一步)按钮就可以了,直到软件图标出现在桌面上或启动程序栏中。有些软件在安装完毕之后可能需要你重新启动计算机。

4. DC 电源适配器。笔记本电脑最大的优势就是方便携带和移动,但在汽车上使用时,可能会遇到一项挑战,那就是电池问题。也许一部 DVD 影片尚未播完,而电池却先告急了。购买第二块甚至第三块电池也不是个办法,因为它们总有耗尽的时候,而这时旅程也许还远未结束。

要解决这个问题其实也不难,那就是选购 DC 电源适配器或多功能车载电源,如图 9.2 所示。但是,这些设备只是设计用于给笔记本电脑的电池充电的(在充电时笔记本电脑本身需要关闭),不能作为持续的电源供应。

图 9.1　升级笔记本电脑的内存

图 9.2　笔记本电脑的 DC 适配器

有鉴于此,我们可以选购一个功能更加丰富的 DC-to-AC(直流转交流)转换器/适配器,如图 9.3 所示。它可以将汽车上 12V 的直流电转换为 $115\sim120$V 的交流电,这种规格的交流电已经可以给笔记本电脑供电了。选择 DC-to-AC(直流转交流)适配器有三个好处。首先,你可以使用笔记本电脑自带的 AC 适配器;其次,AC 适配器可以一边给笔记本电脑供电,一边给电池充电;最后,你还可以给其他需要交流电的设备供电。

DC-to-AC(直流转交流)适配器产品有多种样式、大小和功率。大多数笔记本电脑充电器的功率约为 $60\sim80$W,在选购 DC-to-AC(直流转交流)适配器时(图 9.3),要求其额定功率为笔记本电脑充电器功率的 2 倍左右,也就是说,选择一款 $120\sim150$W 功率的适配器最好,这样的适配器在工作时不会发烫,而且很安静。有些低功率的产品在工作时会有明显的尖锐音或嗡嗡声,所以在选购时一定要谨慎。

5. 耳机二分头。笔记本电脑一般都只有一个音频输出插孔。如果同时有多人在欣赏 DVD 影片的话,则需要有多个音频输出插孔。耳机二分头就是为了解决这个问题而产生的,它可以将一个音频输出插孔转换为 2 个插孔,如图 9.4 所示。

6. FM 调制器。在使用耳机二分头之后,笔记本音频输出可以给 2 个人提供声音,甚至允许 4 个人同时戴上耳机(真要那样的话可能耳机连接线就已经纠缠不清了),所以,当有 2 个人以上同时欣赏影片时,使用耳机二分头并不是最好的办法。

图 9.3   DC-to-AC(直流转交流)适配器产品可以给笔记本电脑和其他设备供电

图 9.4   连接到笔记本电脑耳机插孔的耳机二分头

在 Cyberguys.com 站点上有一款手持式小型调制器销售,它可以通过汽车点烟器插孔供电,其主要功能是播放 MP3 文件。它有一个比较特别的地方就是包含一个单独的音频输入插孔,方便你从 iPod 设备上输入音频,不过现在我们有了一种新用法,那就是通过一个未使用的 FM 立体声信号将笔记本电脑声音源输入到汽车音频系统中(图 9.5)。

7. 在选购上述所有配件之后,即可测试 Windows 操作系统和 DVD 播放软件,如图 9.6 所示。

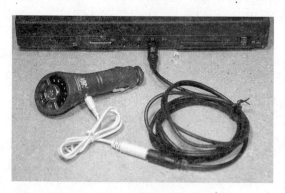

图 9.5   将笔记本电脑的音频输出连接到 FM 调制器

图 9.6   测试笔记本电脑的 DVD 播放功能

8. 将笔记本电脑安装到汽车上。如果你感兴趣的话，可以在网络上找到许多特色产品的销售信息，汽车的电视支架也算是一个。使用这个支架可以将笔记本电脑、DVD 播放器、PlayStation2、手机电话或 PDA 等都固定在汽车上。虽然这种支架算是不错的成品，但是它们也有一个缺陷，那就是一旦安装之后，除非使用扳手，否则难以拆除，如果你只是想让它临时挪动一下位置，都会变得很麻烦。

为了克服这种缺陷，并且为降低成本起见，我创建了一种混合安装系统，使用 6in 高的活动支架、若干很容易购买到的铅管配件、一块金属盘，一些 Velcro（维可牢）尼龙搭扣等，通过这些配件制作的安装系统可以轻松拆卸，几乎不留下任何印迹。另外，这种系统利用的是汽车上原有的安装点，所以你根本不需要在车上重新打孔钻洞。

本项目的第一个部分是估计安装位置的大小，然后定位安装点。使用预先制作的活动安装金属盘（基座）安装到汽车地板的座位安装点上，如图 9.7 所示，即可开始本项目。

在确定安装点之后即可开始安装铅管配件，此时最好先清除座椅横挡，以留足安装空间。如果要安装在副驾驶位置前的话，则座位前面的东西也需要清除，如图 9.8 所示。

图 9.7   定位安装基座和添加铅管部分

图 9.8   已经安装完成的铅管部分，可以刷油漆

在穿过座椅横挡的第二个竖管部分，我安装了一个导管接头，如图 9.9 所示，通过这个接头装置可以轻松地拆除已经安装的大部分铅管部件，只保留很少的一部分基座（不会影响到乘坐）。这个接头装置非常靠近安装基座，它还有一个功能就是允许你旋转安装平面的方向（当所有铅管部件都固定之后，只有它是可以旋转的）。

汽车在移动过程中产生的振动量是很大的，而且也很容易使安装的部件松脱，在 SUV、小型货车或大卡车上尤其如此。所以，在添加顶面平板和油漆之前，你需要使用钳子将每个铅管螺丝都拧紧，一定要使它们非常紧固。如果螺丝松脱，则整个装置都将变得很不稳定，可能会导致笔记本电脑的异常振动，对硬盘和 DVD 光驱造成巨大损害。

接下来，我们可以在铅管最上面的位置添加一个顶面平板（要求用坚固耐用的材料制成）。我找的是一块非常轻但是却很结实的铝合金矩形平板。

首先，将铝合金平板倒过来（让它的正面朝下），找到它的中心点，对齐安装支架，给要钻孔的地方做上标记，然后开始钻孔，完成后使用平顶螺丝将铝合金平板固定在安装支架上。你也可以使用厚木板（薄板危险，不管用），缺点是体积大。当然，还有一种办法是使用聚碳酸酯或树脂玻璃，在某些专业商店或玻璃店有这些东西出售。

在所有部件都组装完毕之后，给整个项目涂上一层光泽磁漆或上光油（薄薄的一层就可以，别太厚，另外，在选择上光油时，不能选择那种防油漆塑料表面的），在涂层晾干之后，再等 4～8 个小时，你打造的新设备就可以使用了，如图 9.10 所示。

图 9.9　在第二个竖管部分安装的导管接头　　图 9.10　涂上一层光泽磁漆之后的笔记本电脑支架

安装支架，需要先从基座部分开始，如图 9.11 所示。这个过程大约需要 5～10 分钟。

完成安装，如图 9.12 所示，就可以将笔记本电脑放置在平板上。你可以通过多种方法固定笔记本电脑，最常用的方法是使用 Velcro（维可牢）尼龙搭扣板，如图 9.13 所示，或者也可以使用笔记本电脑捆扎带，如图 9.14 所示。

图 9.11 安装支架底座

图 9.12 支架安装完毕

在将笔记本电脑固定在支架上之后，如图 9.14 所示，你就可以连接电源线、耳机等附件，开始享受移动娱乐的妙处了（图 9.15）。

图 9.13 使用 Velcro（维可牢）尼龙搭扣板固定笔记本电脑

图 9.14 笔记本电脑捆扎带也可以用于固定笔记本电脑或其他设备

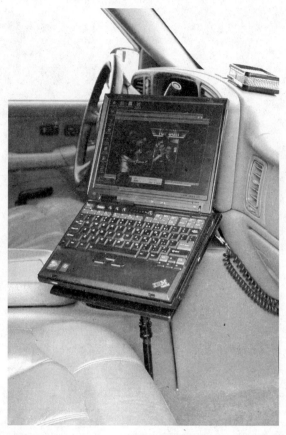

图 9.15   在汽车上安装一台笔记本电脑是多么美妙的一件事情

■ 小   结

你也许已经体会到了,该项目的安装准备工作所需要花费的时间远比安装和使用所花费的时间要长。笔记本电脑所能带给我们的娱乐,绝不仅仅是 DVD 大片和音乐播放器那么简单,如果你或者你的朋友是那种一刻也离不开电视机的"电视土豆",正因为即将进行的远游要错过肥皂剧或脱口秀而懊恼不已,则可以购买一块 USB 接口的电视卡,那么,当你们看到笔记本电脑中的电视节目时,是否又将重新绽放笑颜?

警告

移动娱乐仅限于汽车上的乘客而非司机。除了使用导航功能之外,司机最好不要分心欣赏娱乐节目,毕竟生命安全还是第一位的,请谨慎驾驶!

汽车导航

当你开着越野车或 SUV 在大自然中穿行时,是否遇到过迷路的情形? 当你面对眼前不可逾越的大峡谷时,是否会一遍遍地问自己或打电话给朋友"我们这是在哪里啊"? 而你的家人或朋友为了确定你的方位,也会不停地向你询问"你们在哪里"? 设身处地想一想,在那种情况下,看不到地图、分不清方向的滋味真是太难熬了。

本项目将帮助你摆脱这种困境,它可以使你对地理和地图系统产生浓厚的兴趣,并且变成一个导航迷。

汽车导航系统最早使用的是手持式 GPS 装置,继而是车内路由设备,现在则扩展到笔记本电脑,这些产品林林总总,给用户提供了多种选择,也提供了更多的乐趣。

我个人因为经常外出各地旅游,所以,兴趣和需要让我变成了一个不折不扣的地图狂热爱好者。虽然现在的公路网络四通八达,但是,如果没有合适的导航设备,那么,仅仅凭借一纸地图,你可能还是无法从北京的某条胡同出发,顺利地到达厦门的南普陀寺。须知"明白方向是一回事,而选择道路则是另外一回事",只有在你非常熟悉地形,或者有先锋带队、有人给你指路的时候,两者才可以混为一谈。相对其他地理功能而言,地形(特别是海拔和方位)是非常重要的信息,只有熟悉地形,才能选择最佳道路。

在过去,如果你开车到了外地,手头上没有地图、没有数据库、也没有带路的向导,那么可能会心中发慌,但是在信息高度发达的今天,找到目的地要比过去容易得多。你甚至可以精确地知道最近哪里有加油站、医院,走哪条路可以尽快到达某个历史景点、名胜古迹等。

那么,这一切是如何做到的呢? 其实说起来并不神秘,它和一个在今天看起来很普通的东西有关:GPS(全球定位系统)。我们只要一个 GPS 接收器和 GPS 地图软件就可以实现上述功能,这确实是一件令人感到既兴奋又着迷的事情。目前我们在市面上可以看到的每一款地图软件(从 DeLorme、Precision Mapping 甚至到

Microsoft)都是和 GPS 相关的软件。许多 GPS 接收器中都包含上述软件,它可以使我们更加方便地享受到这项美妙的服务。

在实施本项目时,你可以根据自己的需要决定购买哪一款 GPS 接收器和相关软件。其中,Microsoft Streets and Trips 已经出了多个版本(有的带 GPS,有的不带 GPS),而 DeLorme 公司的 Street Atlas 和 Undertow Software 公司的 Precision Mapping 软件也都不错。

图 10.1 集成了导航软件的手持式 GPS
接收器(图中包含了可选配的数据线)

目前流行的 GPS 接收器有 Garmin 和 Magellan(麦哲伦)等公司品牌。如图 10.1 所示的就是 Magellan(麦哲伦) GPS 接收器。如果你已经拥有一款 GPS 接收器,则只要购买一根计算机接口线缆,再加上任意一款可用的软件,就可以在本项目中发挥作用了。这样做可以避免不必要的重复投资。实际上,你那个现有的 GPS 接收器已经可以告诉你方位了,但是,如果要用它来计划行程,则还需要多花一番工夫才行。

在本书的上一个项目中,我们曾经为了娱乐的需要而在汽车上安装和运行笔记本电脑,而在本项目中,这个理由变成了:打造我们自己的以 GPS 为基础的地图和导航系统。

■ 零部件清单

• 笔记本电脑、直流电适配器、可选安装系统(请参阅本书第 9 章)。

• Microsoft Streets and Trips 2008(附带 GPS 定位器,售价大约 100 美元),或 DeLorme Street Atlas(售价大约 40~80 美元)加上购买一个 GPS 设备(售价大约 40~100 美元)。

• 如果你的 GPS 只有串口连接,则还需要再购买一个串口-USB 端口适配器。

• 连接汽车音频系统的接口(可选),这样你就可以听到导航软件的驾驶提示语音了。有关详情,请参阅本书第 9 章中有关音频接口的说明。

■ 操作步骤

本项目有一个基本要件——汽车上的笔记本电脑,如果你已经在汽车上安装了笔记本电脑,那么本项目就显得很简单了。你只需要再在 GPS 设备和软件上追加一些投资即可,这比你单独购买那些功能单一的导航系统(一般报价2000~4000元左右)要更划算。

1. 第一个步骤自然是安装你最喜欢使用的地图软件。在本项目中,虽然我有若干个软件可供选择,但是我仍然决定选用 Microsoft Streets and Trips(包含 GPS 定位器的版本,如图 10.2 所示),因为它不但易于上手,而且功能强大。

绝大多数产品都附带双 CD 套装,其中一张 CD 包含的是软件的主体应用程序,另外一张 CD 则包含了地图库,并且提供了在本地硬盘上安装地图数据的选项,这样你就不必总是带着一张地图 CD 了。由于 CD 的保护是一件很麻烦的事情,所以我们强烈建议你执行该操作。

2. 根据你所选择的地图软件、GPS 设备(及其可用的输入/输出端口连接)、电脑接口(串口或 USB 接口)等,你可能需要安装可选适配器(图 10.3)和它的驱动程序,以便将 GPS 的串口连接到笔记本电脑的 USB 端口上。

图 10.2 Microsoft Streets and Trips
软件(包含 GPS 定位器的版本)。GPS
接收器将安装在车内

图 10.3 串口-USB 接口适配器。某些
早期的 GPS 接收器需要通过它才能连
接到笔记本电脑上

3. 在安装适配器并连接 GPS 设备之后(有些 GPS 设备不需要安装适配器就可以直接连接到笔记本电脑),即可开始配置地图软件,使它连接到 GPS 接收器。某些地图软件会扫描系统并自动发现 GPS 设备。如果你不知道如何由计算机查找到 GPS 设备,则可以打开 Windows"设备管理器"(图 10.4),以确定 GPS 设备到底使用的是哪一个 COM 端口。

访问 Windows"设备管理器"最简单的方法是:使用鼠标右键单击桌面上"我的电脑"图标,选择"管理",然后选择"设备管理器"即可。单击"端口(COM 和 LPT)"前面的加号按钮,展开并查看实际端口列表。当你知道可用的 COM 端口编号时,即可在地图软件的 GPS 设置选项中尝试选择,如图 10.5所示。

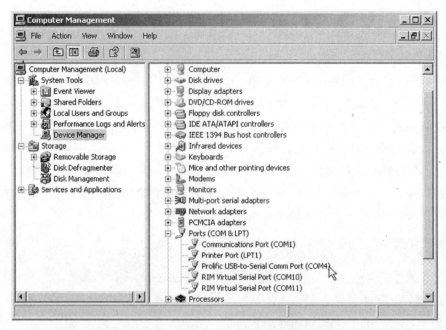

图 10.4 Windows"设备管理器"窗口显示了目前可用的 COM 端口。图中示例表明 GPS 接收器通过 USB 接口连接到 COM4 端口上

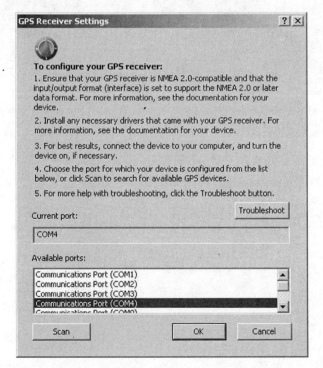

图 10.5 Microsoft Streets and Trips 软件的 GPS 设置对话框

4.在软件配置完成之后，你就可以尝试获取 GPS 信号，了解目前的位置——严格地说，就是你在地图上的位置。注意：你的 GPS 接收器需要一个可以直面天空、不被遮挡的环境，因为只有这样它才可以接收到至少 2 个（最好是 4～6个）环地球轨道上卫星的信号。大树、地下通道、屋顶甚至某些日光窗户变色材料也会阻挡或削弱 GPS 信号。

即便是一个基础 GPS 接收器，也可以先在其内部计算位置，然后通过数据线将纬度、经度、时间甚至海拔等数据发送到计算机。图 10.6 就是GPSDIAG应用程序的一个截屏实例。还有很多信息看起来相当神秘或者非常专业，但它们都是有意义的。GPS 接收器所发送的时间、位置、海拔、卫星信息以及其他各种未加工的数据在经过地图软件的处理之后，将变成我们能看懂的有效数据。

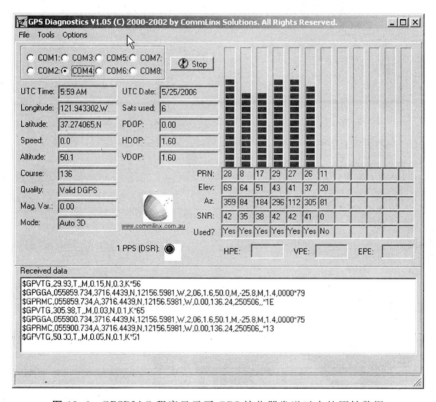

图 10.6 GPSDIAG 程序显示了 GPS 接收器发送过来的原始数据

一旦你的 GPS 接收器追踪到良好的卫星数据，那么你就可以开始上路了。如图 10.7 所示，笔记本电脑上显示的就是 GPS 接收器所追踪到的当前位置。地图软件在获取了所需的数据之后，就可以为你选择道路提供若干参考选项。

首先，你可以放大地图上的任何区域，从欧洲大陆到东亚，从美国到加拿大，从澳大利亚到南美洲，无论你身处何地，都可以自由放大该区域的地图，直至看清楚

图 10.7 GPS 接收器安装在汽车的挡风玻璃内。笔记本电脑中安装的 GPSDIAG 程序显示了 GPS 接收器发送过来的数据

街道和乡村。这真能给人以"一图在手,世界我有"的澎湃感觉啊。

当然,导航系统的主要目的还是帮助你从 A 点到达 B 点,或者让你在 A、B 两点之间创建一条线路,以便日后使用。微软公司的 Streets and Trips 软件在这方面就做得很好,很易用。你可以选择路线指南,该指南可以为你提供语音或文本提示,为你的驾驶指明道路和方向。另外,它还可以追踪你当前的位置以及你所前往的地点,然后将这些信息捕捉并保存起来,作为一条新的路线。

要开始追踪驾驶行程或获取路线指南,你必须首先给程序指定一个起始位置。你可以选定一个位置或以当前位置作为起始点,如图 10.8 所示。其具体操作方法是:选择地图上的某一个点,使用鼠标右键单击,在出现的关联菜单中选择 Route(路线),然后再选择 Add as Start(添加为起点),这样就可以开始你的行程了。

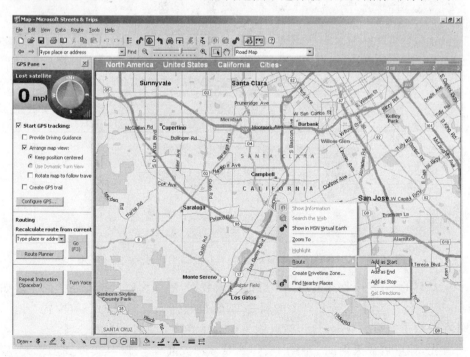

图 10.8 将当前位置标记为路线的起点

　　如果你知道该怎么走才能到达目的地或者要求在到达目的地之前必须经过某个相关地址,则可以在 Routing(路线)编辑框中输入该地址,然后单击 Route Planner(路线规划程序)按钮,如图 10.9 所示,应用程序将会为你规划行驶路线,并且告诉你何时何地应该转弯。路线指南将以文本信息的方式出现在地图下方的屏幕上,而笔记本电脑的语音系统也将及时为你作出声音提示。

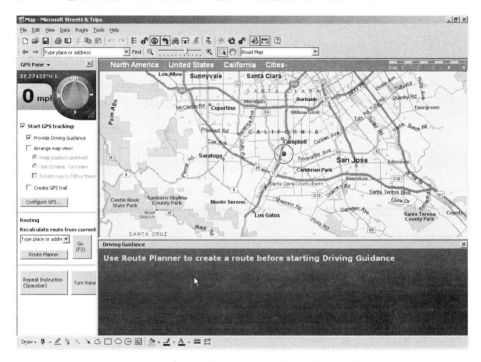

图 10.9　路线规划程序可以为你规划行车路线

　　由于行车语音提示出自笔记本电脑的音频系统,所以你有必要研究一下本书第 9 章"移动娱乐"中所介绍的音响系统,这是因为笔记本电脑本身的音频系统声音可能不够大,在车内比较嘈杂的噪音环境(包括道路行驶所产生的噪音和乘客的聊天对话等)下,你可能无法听清行车语音提示,因此,通过汽车的音响系统播放笔记本电脑的语音应该是一个更加有效的方案。

　　GPS 追踪的其他提示功能还包括:当前位置(以经度和纬度的方式出现在追踪屏幕的左上角)、行驶方向(这个方向不是由指南针提供的,而是程序根据汽车行驶过程中 GPS 数据的变化计算出来的)。

　　在我们这个项目中,有以笔记本电脑为基础的地图,以 GPS 接收器获取的相关数据,它们可以在 12～15in 的笔记本电脑屏幕上再现你的行驶轨迹,这比那些功能单一、价格昂贵的 GPS 导航产品要清楚和直观得多。此外,你还可以改变显示模式,以适应白天或晚上的行车特点;也可以在地图上重点标记若干个感兴趣的目标地点,以便多次重复往返。

■ 小　结

如果你曾经使用过以笔记本电脑为基础的导航系统,那么你肯定不会忘记它。因为它的色彩表现、清晰度、显示尺寸和语音提示等性能都可以称得上完美。无论你只是全家人开车去一趟附近的湖泊郊游,还是要做长途跨省旅行,它都将是你的得力助手。如果你对道路状况非常熟悉,不需要它来给你指路,则可以让它播放CD或DVD,使你的乘客们(注意:可不能是你自己)享受到在汽车中看大片的快乐,而你自己则可以安静轻松、心情愉快地驾驶。哦,对了,我还忘记告诉你一件事,笔记本电脑是可以无线上网的,有了它你就可以和你的朋友们分享自己愉快的旅行了。

手机上网

假设你现在正开车行驶在公路上,离家已经越来越远了,可是突然之间你想起了许多临出发前忘记做的事情,例如,你忘记了给客户发送最终定稿的广告方案,或者忘记了检查网上二手交易拍卖的情况,怎么办? 总不能让这种焦虑感一直伴随着你悠闲的假期吧?

出现这种情况的时候,其实也不必着急,冷静一下,你就能想到解决的方法,没错,我说的也许你已经知道了:使用一块即插即用的无线网卡,选择一家无线宽带服务商的无线上网服务,你的问题也许就迎刃而解了。

在今日的中国,通过手机上网已经不是什么新鲜事,中国移动通信公司的GPRS 无线上网服务和中国联通的 CDMA 掌中宽带业务广告到处可见。无线上网卡作为目前无线广域通信网络应用广泛的上网介质,选择合适的无线上网卡是实现无线上网的关键,在我国,常见的无线上网卡有 CDMA1X 无线上网卡和GPRS 无线上网卡两类。

GPRS 上网卡是针对中国移动主力在推广的 GPRS 无线广域网推出来的无线上网设备,是一种基于 GSM 系统的无线分组交换技术,提供端到端的、广域的无线IP 连接。通俗一点来说,GPRS 是一项高速数据处理的技术,方法是以"分组"的形式传送资料到用户手上。CDMA1X 无线上网卡是针对联通无限掌中宽带业务而提供的移动互联接入设备,采用扩频速率为 SR1,即指前向信道和反向信道均用码片速率 1.2288Mbps 的单载波直接系列扩频方式。因此它可以方便地与IS-95(A/B)后向兼容,实现平滑过渡。CDMA1X 网络可以作为话音业务的承载平台,也可以作为无线接入 Internet 分组数据承载平台,既可以为用户提供传统的话音业务,也可以为用户提供端对端分组传输模式的数据业务。

虽然购买 GPRS 上网卡和 CDMA1X 无线上网卡都需要一笔支出,但是它们都是一次性的有限投入,无线上网资费才是我们应该关心的重点,从中国移动通信公司和联通公司公布的资费方案上看,GPRS 的价格比较有竞争优势。无论是全年卡还是半年卡,GPRS 在资费上都要比 CDMA1X 便宜。

就现状而言,无论是 GPRS 还是 CDMA1X 的速度,与我们经常使用的宽带在速度上还是存在不小的差距。GPRS 在实际应用中的接入速度一般来说只能接近 56K 调制解调器的速度,在使用数据加速系统后,速率可以稳定在60kbps～80kbps之间。

CDMA1X 技术的最大特点是高速数据传输能力,理论最高传输速度为 307.2k,实际现在应用传输分组数据峰值传输速率也高达 153.6kbps,几乎是 GPRS 速度的 4 倍。在实际应用中,CDMA1X 在与 GPRS 在最佳状态下 171.2kbps 速率对比也只是略慢一点但差距不大,由此看来 CDMA1X 的传输速度确实比 GPRS 的表现要好。

就网络稳定性而言,CDMA1X 是通过专用载频和信道,通过 PDSN 网络与互联网连接,与话音路由分道提供,CDMA1X 传输速率对无线环境的依赖程度不大,因而网络比较稳定,不容易受到干扰;而 GPRS 的数据业务与话音业务共用同一信道,所以如果网络用户数量增加到一定程度,将导致频率资源的问题更加突出,那么每个 GPRS 用户可以使用的带宽将进一步的降低,网络也变得不稳定,出现时断时续的情况。由此可见基于 CDMA1X 网络的无线上网业务在稳定性方便的表现明显优于 GPRS。

就网络覆盖广度而言,GPRS 系统以 GSM 网为承载网,使用现有的 GSM 无线网络,GPRS 和 GSM 共用相同的基站和频谱资源,只是在现有的 GSM 网络基础上增加了一些硬件设备和软件升级。因此,实现 GSM 升级至 GPRS 非常容易,且中国移动借助原 GSM 网络,所以 GPRS 覆盖非常广。目前中国移动 GPRS 网络已覆盖全国所有省、直辖市、自治区,网络遍及 240 多个城市。

CDMA 基于扩频技术,占用的是全新的 800M 频段(GSM 占用的是 900M 频段),所以不能在原 GSM 设备上直接升级。目前,中国联通通过二期工程建设,对 CDMA 网络进行了网络优化和提升,网络从 IS95 升级为 CDMA1X 网络;同时建成覆盖全国 31 个省(自治区、直辖市)的无线数据网。

目前,CDMA1X 与 GPRS 最大的差距在于网络的覆盖范围,CDMA1X 几十个城市的覆盖面远远无法和 GPRS 的网络覆盖面正面交锋。然而网络覆盖广度是无线上网的一个关键因素,只有做到无论是城区还是乡村,在会议室还是地下室,在汽车上还是船上,只要用户想无线上网就能够上,这样才能真正满足用户的随时随地上网,用户才真正感到安心。GPRS 和 CDMA1X 与传统 GSM 电路型数据业务下移动用户长时间独占一定的无线资源不同的是,在分组数据业务下,所有的移动用户共享无线资源,并且每个用户只在有业务数据传送时才动态的申请和占用无线资源,因此采用分组数据方式可以做到"永远在线"。相比较而言,GPRS 采用语音和数据共享信道,如果网络用户数量或语音用户数量增加到一定程度,将导致频率资源的问题更加突出,那么每个 GPRS 用户可以使用的带宽将进一步降低。CDMA1X 的数据和语音采用不同的信道传输,在同一基站下语音用户数量再多,也不会影响数据通信。CDMA1X的带宽优势将为其网络提供更高的速度与更好的稳定性。

就频率资源而言,CDMA2000 1X 占用的是全新的 800M 频段,频率资源丰富。GPRS 采用的是 GSM 的 900M 频段。GSM 的频率资源在很多地区本来就很缺乏,GPRS 是用分组业务,每个用户占用比话音更多的频率资源,导致 GPRS 的频率资源进一步的匮乏,从而限制了 GPRS 的数据用户数量。

就上网卡价格的而言,CDMA1X 上网卡比 GPRS 上网卡的价格总体上要便宜一些。

综上所述,GPRS 与 CDMA1X 两种网络都有各自的优势与不足,现实中还没有一种完美的方式,所以挑选适合自己的无线上网方式才是最重要的,因为不同的技术和标准将会带来不同的享受效果。总体上来说,中国移动的 GPRS 覆盖范围广,资费较 CDMA1X 便宜,加上美好的双模式上网计划,是目前大众比较容易接受的无线上网方式,但是其低速度,多少也影响了用户的满意度。中国联通基于 CDMA1X 网络的掌中宽带,具有较高的速度和丰富的功能,在技术上相比 GPRS 也有一定优势。但是由于其覆盖网络范围还不够广,使得实用性大打折扣,如果其扩展速度迅速的话,前景还是相当可观的。鉴于这两类网络的特点,如果你对网络速度和稳定性要求比较高的话,选择 CDMA1X 平台支持下的无线上网卡产品比较合适;而如果你更看重的是上网价格以及覆盖面的话,中国移动的 GPRS 网络支持下的无线上网产品则是理想的选择。

在实现手机上网之后,你就可以给你的客户发送广告方案,或者随时上网查看拍卖情况了。你还可以给亲戚或朋友发送旅途中的照片,让他们分享你的快乐;如果网络速度够快的话,你也可以使用 Web 摄像头,并且实时发送 GPS 信息给你的朋友们,"现场直播"你的旅行。

■ 零部件清单
- 支持移动上网功能的笔记本电脑。
- GPRS 或 CDMA1X 无线上网卡或支持无线上网功能的手机。
- 中国移动通信公司 GPRS 网络连接服务或联通公司的"掌中宽带"服务。

■ 操作步骤

1. 在笔记本电脑上安装 GPRS 或 CDMA1X 无线上网卡的驱动程序。如果需要的话,重新启动计算机。

2. 安装 GPRS 上网卡(图 11.1)或 CDMA1X 无线上网卡(图 11.2),系统将可以自动识别它们并载入恰当的驱动程序。

3. 测试无线上网功能,如图 11.3

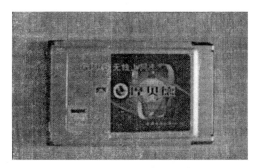

图 11.1 GPRS 无线上网卡

所示。建立拨号时需要输入"掌中宽带"服务的用户名和密码,在连接成功之后,你就可以访问新浪、搜狐等各个门户网站,也可以使用 QQ、MSN 等即时通信程序了。

4. 如果你的设备连接性能较差,则可以尝试使用额外的天线,这样也许可以提供更大范围或更加可靠的连接性能。在 www.antennasplus.com 站点上可以找到各种天线,那里也许有符合你需要的产品。

图 11.2　CDMA1X 无线上网卡

图 11.3　测试无线上网卡的连接功能

■　小　结

一般来说,在笔记本上安装无线网卡和对应的驱动程序并不是什么难事。你只要按照产品说明书和屏幕提示操作就可以了。我们建议你选购网络速度较高的无线宽带产品,因为无线网络将有如下应用:

- 通过 IP 拨打电话(VoIP)的应用程序。
- 即时通信(如 QQ、MSN 等)。
- 电子邮件。
- 网络摄像头(需要较高的网络速度)。
- 通过 GPS 地图软件查询你感兴趣的旅游地点。
- 通过 SwiftWx(ww.swiftwx.com 站点)获得气象信息。
- 通过 GPS 的追踪功能分享你的行程。
- 上传数字图片(不需要专门去找网吧了)。
- 在没有信号的地区通过 WiFi 连接共享 Internet 访问。

在本书后面的章节中,我们将与你分享这些项目的应用经验。

如果你不想购买一块新的无线网卡,那么,请给手机生产商打一个电话吧,询问是否可以通过你的手机上网(现在有很多手机都支持无线上网拨号功能)。不过,在此之前你还是应该详细咨询一下资费政策。

使用 APRS 分享
你的旅行快乐

当你开着汽车在公路上疾驰,使用 GPS 软件导航时,乘客们在欣赏 DVD 大片,或者通过 Internet 搜索吃饭和休息的地方(目的地酒店),你可否想过,如何与朋友们分享快乐行程?

如果你愿意花 350 美元左右购买一个 GPS 追踪系统,再加上一个按月付费的追踪预订服务,你就可以享受地址报告和追踪服务。不过,在我看来,这项支出完全没有必要,因为我们已经具有了绝大多数装备,并且我们也只是偶尔才会广播一次自己的旅行。

如果你已经阅读并实施过本书第 9 章、第 10 章和第 11 章的项目,那么你应该已经具有了实施本项目的大多数硬件,也就是少了一个无线电收发器(将汽车的旅行数据发送到 Internet 上)而已。本项目还要求你先加入无线电操作员爱好者(火腿族)的行列,拿到"火腿族"的许可证书,然后才能通过业余定位报告系统(APRS)技术分享你的旅行[①]。

APRS 技术允许其用户通过无线电波将 GPS 地址数据发送给任何一个接收站,后者再将数据转播到 Internet 和许多 APRS 追踪站点(例如 www.findu.com)。APRS并不仅仅是一个奇客凑热闹图新鲜的地方,它可以在紧急时刻提供有价值的数据。例如,它可以给野外工作队提供重要的(免费)服务,搜索和救助团员,并且可以根据严格的风暴追踪提供国家级的气象服务。

如果你不是一个"火腿族",没有"火腿族"的许可证书,那也没关系,你可以将同样的 GPS 定位信息以气象信息报告的形式通过 Internet 发送出去。气象信息?是的,现在有一个"市民气象观测体系"(CWOP),允许你通过 Internet 和 APRS 服务器发送地址数据和气象信息,这也是可以通过 Web 浏览器访问的。

通过上述两种方法共享 GPS 数据的操作步骤大致相同。如果你对技术性的细节更加感兴趣的话,我们建议你不妨加入"火腿族",进入无限探索者的领域。在我们这个时代,绝大多数技术创新者都有自己的组织,许多工程师、科学家和专业

---

①　国内也有自己的"火腿族"基地,有关详细信息,请使用"火腿族基地"作为关键字进行 Internet 搜索。——译者注

技术人员都会将他们的实践经验和理念组合在一起——例如开发源代码软件者的组织、计算机黑客团体等,在他们的身上都有很容易识别的标志。"火腿族"也同样如此,这个群体集合了许多无线电台和计算机爱好者,可以进行较大范围的实验,非常值得你投入精力去做项目、提供服务,甚至可以作为你的职业机会。

在本章中,我们将为你介绍把 GPS 数据发送到 APRS/电台的方法、软件、硬件、无线电和计算机之间的接线等;在下一章中,我们将为你介绍实际操作,通过车载设备将 GPS 位置信息作为气象数据以 Internet 的方式发送出去。这两个项目合在一起,将使你的旅程犹如一个直播平台,这可比博客或网络摄像头之类的玩意儿有意思得多。

APRS 用户可以通过无线电来回传送和获取 GPS 信息或计算机数据,最常见的方法是使用一个"数据包调制解调器",这种设备非常像内部或外部数据调制解调器,你可以用它来拨号上网,访问 Internet。

本项目需要执行的操作包括:安装和配置多个软件,集成计算机的声卡功能,使它变成一个基于软件的"数据包调制解调器",在声卡的新数据包调制解调器功能和数据程序(负责读取和发送 GPS 地址信息)之间,提供软件-软件的连接。当所有软件都能正常工作之后,即可将计算机的声卡和串口/COM 端口连接到电台,再做一些调节,你就可以在 Internet 地图站点上"看"到自己了。

如图 12.1 所示,就是一款典型的数据包调制解调器,售价大约 120～250 美元左右。它和普通的调制解调器一样,接受来自计算机串口/COM 端口的信息和命令,然后将信息转换为音频信号,以便通过声音"电路"(无线电发射器)进行传输。其控制信号可以打开或关闭发射器。在和我们一道完成本项目之后,你还将有一个新的"发现":在通过无线电发送位置信息的同时,你还可以继续使用 GPS 设备进行地图搜寻和导航。

如图 12.2 所示,是另外一款数据包调制解调器,这种调制解调器是专门设计用于 GPS-无线电台连接的,其作用就是通过无线电台或 Internet 进行追踪。

有些非常聪明的程序开发人员曾经指出:用户不必单独购买数据包调制解调器,因为计算机中的声卡和计算机串口/COM 端口或并口/LPT 端口完全可以做同样的事情。因为我们已经使用了计算机来读取和打印我们所交换的信息,所以,如果能通过无线电台来发送和接受信息自然是最经济不过的了。

有些软件能够将计算机及其声卡变成数据包调制解调器,它们允许各种类型的应用程序通过无线电台发送和接收数据——包括文本消息、电子邮件、气象信息等——在本项目中,我们需要传送的是通过 GPS 接收到的位置数据。

在执行本项目时,我们首先需要花费一个小时左右的时间来下载和安装所有必需的软件,然后再花一个小时去当地电子商店购买一些零部件,再加一个小时将这些零部件组装起来,最后用半小时进行测试,如果一切正常的话,你就可以整装待发了。

图 12.1 Kantronics KPC-3 是一款非常流行的 数据包调制解调器（通过无线电台发送数据）

图 12.2 TinyTracker 3 数据包调制解调器 可用于连接 GPS 和无线电台

■ 关于软件的说明

在本项目中，我们需要使用到 5 款小软件，它们都是由那些勇于面对机会和挑战的狂热爱好者们编写出来的。他们都是典型的"火腿族"，喜欢打造自己的装备、使用天线进行实验，或者坐在计算机面前思考如何集成通信工具和无线电台。

我们需要使用到的第一款软件是：AGW Packet Engine（AGW 数据包引擎，也可以简写作 AGWPE），它是由 George Rossopoulos 编写并维护的，George Rossopoulos 是希腊人，业余无线电操作员的呼号是 SV2AGW。AGWPE 是 George 编写的诸多软件之一，它推动了数据包无线电台的多种应用。对于本项目而言，它提供了三个非常重要的功能：

• 将计算机声卡变成数据包调制解调器，通过无线电台发送和接收语音，再将它们转换成有用的数据。

• 通过 ICP/IP 协议提供"声卡数据包调制解调器"的数据输入和输出功能，实现本地计算机和其他计算机的网络通信。

• 通过串口/COM 端口或并口/LPT 端口上的数据信号提供对无线电台发射器的开启和关闭控制。

创建 TCP/IP 访问方式的无线电台调制解调器，其意义是非常重大的。因为这意味着：它允许多个应用程序（甚至是多台计算机）在共享的基础上使用无线电台。AGWPE 可以通过综合应用计算机技术，取代一个或多个无线电台调制解调器。要使用 AGWPE 软件，必须在操作系统中安装 TCP/IP 驱动程序。如果你尚未安装的话，则可以从 George 的站点下载 AGWYCPIP.ZIP 压缩文件包。

我们需要的第二款小软件是：KipSSPE，它可以将 AGW 数据包引擎（AGWPE）软件的 TCP/IP 接口和我们的数据通信以及 GPS 处理程序（APRSplus）的 TCP/IP 接口桥接起来。也就是说，KipSSPE 软件可以使得 AGWPE 软件看起来就像是一个硬件调制解调器（这是针对 APRSplus 软件而言的）。

APRSplus 或 APRS＋SA 软件是由 Brent Hilldebrand 编写的，他的业余无线电操作员的呼号是 KH2Z。该软件在本项目中的功能是收集 GPS 数据，然后将它合并到 APRS 网络的相关数据中，使它可以提交给无线电台或网络接口，被其他业余无线电台或 APRS 服务器接收到。APRSplus 还可以通过无线电台或 Internet 接收和提交 APRS 位置和其他消息数据，完成双向消息通信。APRSplus 可以和 KipSSPE 进行通信，发送 GPS＋APRS 信息，并且最终通过无线电结束信号发射。此外，APRSplus 还可以读取气象台的数据文件，然后在全球范围内传递气象信息。

APRSplus 还为早期版本的 DeLorme Street Atlas 地图软件提供了一个逻辑接口，使得后者可以实际绘制和显示其他 APRS 和气象台的位置。如果没有 KipSSPE 软件、AGWPE 软件、并且计算机声卡和 COM 端口也没有连接到无线电台，则 APRSplus 必须通过串口/COM 端口（或 USB-串口适配器）连接到数据包调制解调器。

本项目需要使用的最后一个软件是：GPSGate。它是 Johan Franson 的作品。Johan 是 Franson Technology AB 公司的创始人，虽然他不是一个业余无线电操作员，但是他所编写的软件却深得计算机技术强调实用性和功能性的精髓。GPSGate软件可以在计算机内创建一个逻辑串口/COM 端口分裂器，允许两个或两个以上的应用程序从同一个 GPS（在本项目中就是指你的地图软件和 APRSplus）获得数据。

由于这些软件大多数都是共享软件，都有一个试用期限，所以请勿忘记注册使用。在软件的安装和配置完成之后，我们还有一些硬件方面的工作要做——将计算机连接到无线电收发机。还差一步，我们马上就要成功了！

■ 零部件清单

• 业余无线电许可证书——你需要花上整个周末或几个晚上的时间去参加一个培训课程，当然，也可以自学，然后进行一项考试，花费大约 15～35 美元，如果考试通过的话，就可以获得该证书了。你的收获是一项成就感、一个新技术领域和一种新服务。有关详细信息和考试样题，请访问 www. arrl. org 站点。

• 带有声音输入和输出、串口（COM）端口输入/输出功能的计算机。当然，串口需要 USB-串口转换器。

• 带有串口或 USB 输入/输出连接的 GPS 设备。诸如 Altina、Microsoft、DeLorme、Garmin 或 Magellan 等公司的产品均可。

• 业余无线电 VHF（甚高频）收发机。这项装备的要求不高，从老式的 Icom（艾可慕）IC-2A 到 Kenwood（建伍）TH-D7 手持式无线电对讲机均可。费用在 300 元～3000元左右。

你需要一个车载充电器/电源线或额外电池。另外，我们还推荐你使用汽车外置天线。

- 在无线电对讲机和计算机之间建立连接所需要的连接设备:DB-9 阴极(串口)插头;3/32in 和 1/8in 立体声插头——用于计算机;3/32in 和 1/8in 单声道插头——用于无线电对讲机。
- 从电子商店购买的一对电阻器、电容器和晶体管。
- AGWPE 软件。下载地址为:http://www. elcom. gr/sv2agw/agwpe. zip。
- AGWPE TCP/IP 驱动程序。下载地址为:http:// www. elcom. gr/sv2agw/tcpip. zip。
- KipSSPE 软件。下载地址为:ftp:// ftp. tapr. org/aprssig/winstuff/aprsplus/KipSSPE. zip。
- APRS Plus 软件。下载地址为:http:// www. tapr. org/~kh2z/aprsplus/。
- Franson GPSGate 软件。下载地址为:http:// www. franson. com/gpsgate/。

■ 工具箱

- "典型"的手工工具——针头钳、剪钳/剥皮钳。
- 烙铁和电焊(60/40 或 63/37 混合松香)。
- 如果你愿意购买预制的无线电对讲机-计算机连接线缆,就不必和手工工具、插头以及电焊打交道了。要购买预制产品,请访问以下网址:www. buxcomm. com。

■ 操作步骤

1. 给操作系统安装 AGW TCP/IP 驱动程序。其操作方法是:打开 Windows "控制面板",然后选择"添加硬件"。系统将启动 Add Hardware Wizard(添加硬件向导),询问新硬件的状态,如图 12.3 所示。此时可以选择 Yes, I have already connected the hardware(是,我已经连接了此硬件)选项,然后单击 Next(下一步)按钮。

该向导将提供一个已知安装设备的列表,如图 12.4 所示。滚动该列表到最底部,选择 Add a new hardware device(添加新硬件设备),然后单击 Next(下一步)按钮。

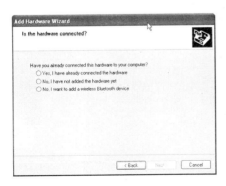
图 12.3 启动 Windows 系统的 Add Hardware Wizard 安装 AGW TCP/IP 驱动程序

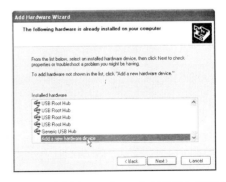
图 12.4 选择在 Windows 中完整添加新硬件

向导将询问你是否需要由系统自动搜索和安装硬件,如图 12.5 所示。你可以选择 Install the hardware that I manually select from a list(Advanced)选项,表示你将手动选择要安装的硬件,然后单击 Next(下一步)按钮。

要节省时间,可以直接滚动列表,找到并选择 Network adapters(网络适配器),如图 12.6 所示,然后单击 Next(下一步)按钮。

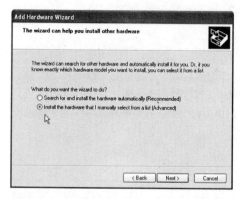

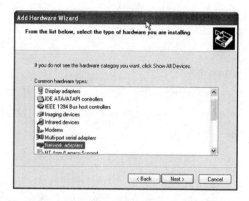

图 12.5　选择手动安装 TCP/IP 驱动程序　　图 12.6　选择网络适配器设备,缩短从磁盘上
查找驱动程序的时间

当 Select Network Adapter(选择网络适配器)列表出现时,如图 12.7 所示,直接单击 Have Disk(从磁盘安装),然后浏览到 AGWTCPXP.INF 文件所在的位置(该文件是从早先下载的 AGWTCPIP.ZIP 文件解压得到的),如图 12.8 所示。

单击 Open(打开)按钮,再单击 OK 按钮确定,你将在 Manufacturer(制造商)列表中看到 SV2AGW Drivers(SV2AGW 驱动程序),如图 12.9 所示。先选中左

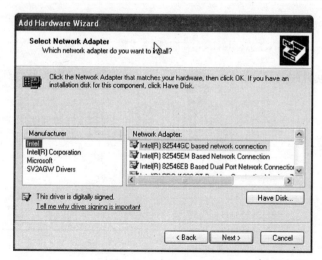

图 12.7　单击 Have Disk(从磁盘安装)按钮,浏览并选择所需的驱动程序文件

图 12.8　浏览并选择 AGWTCPIP. INF 文件

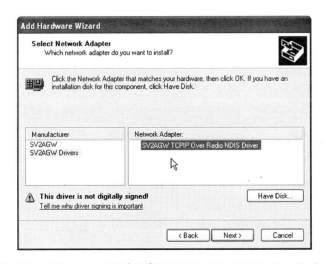

图 12.9　选择 SV2AGW Drivers(驱动程序)和 SV2AGW TCPIP Over Radio NDIS Driver

边 的 SV2AGW Drivers，然 后 选 中 右 边 的 SV2AGW TCP/IP Over Radio NDIS
Driver，单击 Next(下一步)按钮。

　　按照屏幕提示执行剩下的驱动程序安装操作。如果 Windows 弹出一个警告
信息框，提示该驱动程序没有经过签名/验证，你只需要单击 Continue Anyway(无
论如何继续安装)按钮就可以了。在安装成功之后，使用鼠标右键单击桌面上的
"网上邻居"图标，在出现的关联菜单中选择"属性"，即可看到 SV2AGW TCP/IP
项目，如图 12.10 所示。

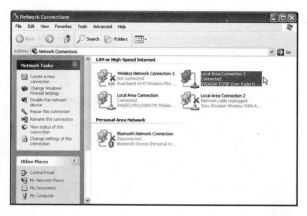

图 12.10 SV2AGW TCP/IP 驱动程序已经在 Windows 中正确安装并启用

如果你已经准备通过家庭网络或 Internet 共享无线电台接口,则可以继续安装 Packet Engine(数据包引擎)软件。

2. 解压已经下载的 AGW Packet Engine(数据包引擎)软件,将它的文件释放到一个系统已知文件夹中。例如,我使用的文件夹就是 C：\ Program Files\AGWPE。接下来,可以在 Windows 桌面上创建该程序的快捷方式,然后双击该快捷方式。此时你将看到有个画面在屏幕上一闪而过,接着在 Windows 任务栏托盘中就出现了一个新图标,如图 12.11 所示。单击该图标,然后选择 Properties(属性)命令即可开始设置 Packet Engine(数据包引擎)。

图 12.11 当程序运行时,AGWPE 图标出现在 Windows 任务栏中

此时系统将打开 Radio Port Selection(选择无线电端口)对话框,如图 12.12 所示。单击 New Port(新端口)按钮,即可打开端口属性设置对话框,如图 12.13 所示,在该对话框中可以新建以软件和声卡为基础的"无线电端口"。

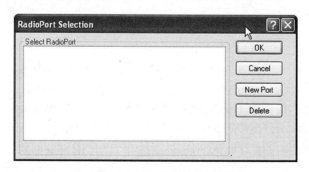

图 12.12 AGWPE 尚未配置端口

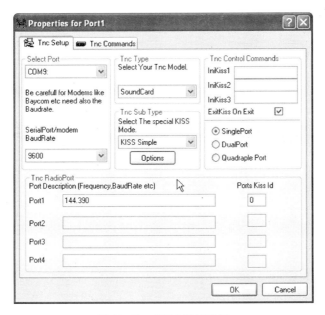

图 12.13　COM 端口设置

　　第一个设置区域是 Select Port(选择端口),在这里你可以指定计算机上将用于控制信号发射器的串口/COM 端口,对于只有单个串口/COM 端口的笔记本电脑而言,可能只有 COM1 可选。如果你的笔记本电脑不但有一个串口/COM 端口,另外还有一个内部调制解调器,那么你既可以选 COM1,也可以选择 COM2(选COM2 会更好一些)。如果你的笔记本电脑没有串口/COM 端口,那么你可能使用了 USB-串口适配器。

　　要查看系统中究竟存在着哪些端口,可以使用鼠标右键单击"我的电脑",在出现的关联菜单中选择"管理",然后在左边的窗格中选择"设备管理器",在右面的窗格中滚动并找到"端口(COM 和 LPT)"项目,单击它前面的加号按钮展开,即可看到本机存在的端口列表。如图 12.14 所示。在本示例中,我们可以看到一个通信端口 Communications Port(COM2),它很可能是一个内置的串口,也可能是内部调制解调器。基于我们对本机的了解,它并没有串口插头,所以这一定是内部的调制解调器。相反,我在本机上使用了 USB-串口适配器,它在列表中显示为 Prolific USB-to-Serial Comm Port(COM9)。这就是我们需要在 Select Port(选择端口)区域中指定的目标值。

　　在 Serial Port/modem Baud Rate(串口/调制解调器波特率)选项中,按默认的 9600 波特就可以了,因为无线电接口只能使用 COM 端口的一根信号线,并且不会有实际的系列数据在此端口上传输。此外,你还有 3 项参数需要配置:

* 在 TNC Type(TNC 模型)选项中,选择 Sound Card(声卡)。
* 在右面的 Tnc Control Commands(Tnc 控制命令)区域中,选中 Single Port

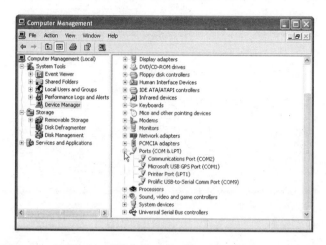

图 12.14 在 Windows"设备管理器"窗口中查看可用的 COM 端口

（单一端口）单选钮。

• 在对话框底部的 Tnc Radio Port（Tnc 无线电端口）区域，选择 Port1（端口1），输入 APRS 数据传输时使用的频率即可，其值为 144.390。该值并不是为了设置无线电的频率，而是用来提示我们连接到该端口的是什么设备。除此之外的其他选项都可以不管。

单击 OK 按钮完成该设置，然后按照程序提示关闭 AGWPE。其操作方法是：单击 Windows 任务栏托盘中的 AGWPE 图标，然后选择 Exit（退出）。当图标消失时，双击桌面上 AGWPE 程序的快捷方式，重新启动该程序，以便继续调整其他设置。

当 AGWPE 的图标重新出现在 Windows 任务栏托盘中时，单击它并选择 Properties（属性）命令，即可看到新的 Radio Port（无线电端口）已经建立，如图 12.15 所示。

在此单击 AGWPE 图标，然后选择 TCPIP Over Radio Setup（TCPIP Over Radio

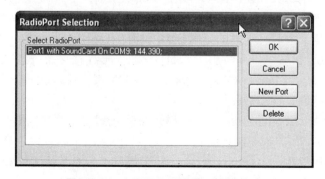

图 12.15 AGWPE 显示端口配置成功

设置)命令以访问 Dialup＜＞AX25 Setup(拨号＜＞AX25 设置)对话框,如图 12.16 所示。

在该对话框中有 4 个项目需要配置:

- 选中 Enable TCP/IP(启用 TCP/IP)单选钮。
- 输入 AGWPE 的注册码(如果尚未注册,请注册后使用)。
- 选择此前已经配置过的 Port1(端口 1)。
- 输入你的业余无线电呼号。

单击 OK 按钮保存数据并关闭对话框。再次关闭并重新启动 AGW Packet Engine(数据包引擎)软件。现在,TCPIP 驱动程序和 Packet Engine(数据包引擎)已经扮演了一个无线电调制解调器的角色了,你可以通过其他应用程序对它进行访问。

3. 解压已经下载的 KipSSPE 程序,将它和两个支持文件复制到 C:\Program Files\AGWPE 文件夹,双击 KIPSSPE.EXE 程序启动并访问其配置对话框,如图 12.17 所示。

图 12.16　启用无线电传输的 TCP/IP 协议　　**图 12.17**　KipSSPE 中间件程序的典型配置

在 KipSSPE 对话框中,只有以下 5 个项目需要配置:

- 在 Settings(设置)框中输入映射本机(localhost)的 IP 地址:127.0.0.1,端口为 8000(书写形式为 127.0.0.1:8000)。
- 单击 Open(打开)按钮,使 PE 关闭。
- 对话框下面的 IP 地址也应该是 127.0.0.1。
- 选中 Auto-Start(自动启动)复选框。
- 单击 Open TCP/IP(打开 TCP/IP)按钮,使 TCP/IP 也关闭。最后单击右上角的"X"按钮使程序最小化到 Windows 任务栏托盘中。

4. 安装 APRS＋SA 的最新版 2.28,该版本有许多常规 Windows 安装对话框,提示用户操作。在安装完毕之后,运行该程序,首先将提示未注册版本,然后才出现主程序界面。你可以选择 Setup(设置)菜单,再选择 Main(主要),继续程序参数的设置。如图 12.18 所示。

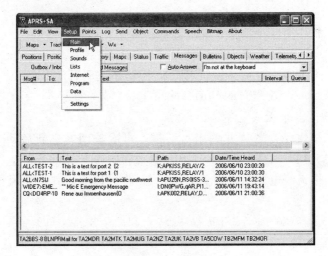

图 12.18 开始设置 APRS+SA

在 Main Parameters(主要参数)选项卡中,如图 12.19 所示,你可以输入或设置以下选项:

• 你的业余无线电呼号,后面加上一个电台副标识,－2 表示这是一个数据包无线电台。使用－1 表示是普通电台,而－6 或－9 则表明它是移动作业。

• 在 Lat(纬度)和 Long(经度)框中分别输入你所在位置的经度和纬度,该数值可以手动输入,也可以单击 Latitude Longitude(经纬度)按钮,通过 GPS 数据自动获得。

• 在 Registration(注册码)框中输入该软件的注册码。

• Port 1 TNC 区域的选项可以忽略。

• 在 Port 2 GPS 区域中,选择 Baud(波特)值为 4800,这是绝大多数 GPS 数据流的传输速率。在 Port(端口)框中选择你的 GPS 所插入的 COM 端口。注意,它并不需要你的 GPS 地图软件运行,因为以后它将使用 Franson 的 GPSGate 软件。

选择 Sounds(声音)选项卡,清除 ENABLE WAV SOUNDS(启用 WAV 声音)复选框,因为该程序的声音会对声卡的数据调制解调器功能造成干扰。

选择 Internet 选项卡,然后参考图 12.20 选择和输入以下参数:

• 单击 UDP-Open 按钮,使它变成 UDP-Close 按钮。

• 选中 Open-KipSSPE on startup(启动时打开 KipSSPE)复选框。

• 单击 KipSS-Open 按钮,使它变成 KipSS-Close 按钮,并且在它右面的框中输入 IP 地址为 127.0.0.1。

单击菜单栏中的 File(文件),然后选择 Save(保存)命令,将这些参数保存到

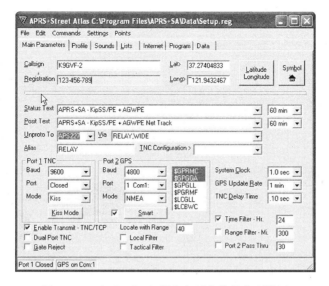

图 12.19 APRS+SA 程序主要参数的典型设置

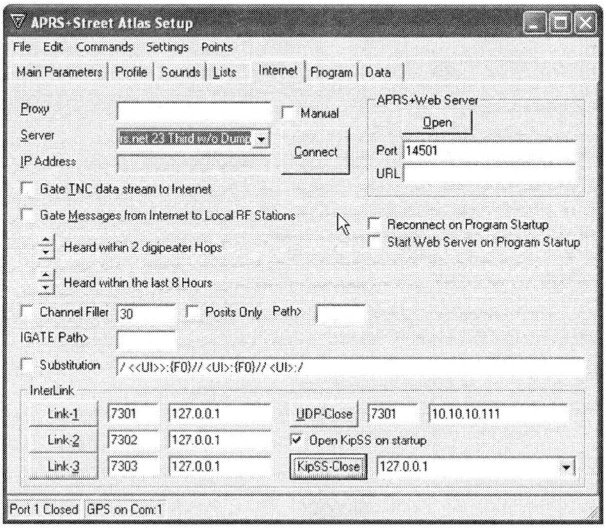

图 12.20 APRS+SA 程序的 Internet 设置

setup.reg 文件中。注意：未注册的版本无法保存参数设置。

APRS+SA 程序的基础设置到此就已经结束了，现在我们可以测试该程序的 GPS 功能和 Internet 连接，以便了解该程序的具体应用，然后将无线电的连接转移到声音和 COM 端口的连接上。

5. APRS+SA 其实可以通过 Setup（设置）＞Main（主要）＞Main Parameters（主要参数）＞Latitude-Longitude（经纬度）按钮打开一个对话框，如图 12.21 所

示,直接读取 GPS 数据。读取的数据将自动填入对话框中。

如果你想要看到 GPS 的原始数据,则可以在主程序窗口中选择 GPS 选项卡,然后每隔一秒钟你都能看到一组新数据。

6. 将计算机和无线电对讲机连接起来。为了使问题简单化,我从 BuxComm 通信设备公司(该公司的网址为 www.buxcomm.com)购买了一根 RASCAL 无线电台-声卡的连接设备,如图 12.22 所示。该设备包括一套为高频无线电台预先制作好的线缆,可以节省你的不少时间。

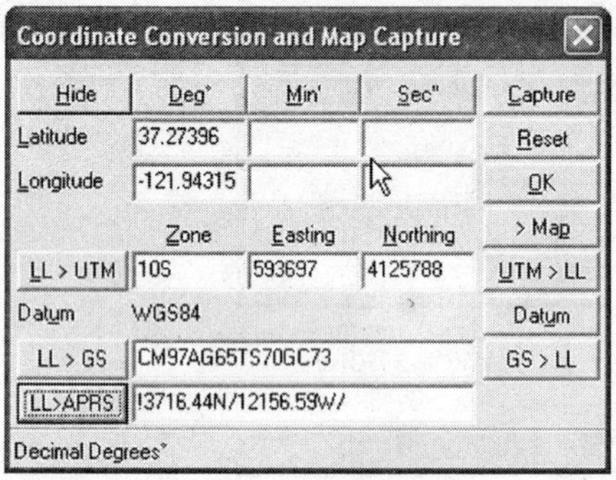

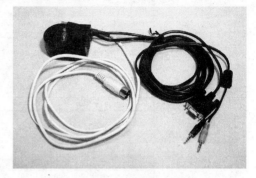

图 12.21　APRS+SA 将自动从你的 GPS 数据中获得位置信息

图 12.22　BuxComm 公司的 RASCAL 计算机-无线电台连接设备

因为这种连接线缆是通用的,所以我简单地找来了一根老式的 5 针键盘插头延长线缆,将不需要的阴极一端剪掉,然后添加上我自己的插头即可。说明:这个新插头来源于 Icom(艾可慕)的 IC-2AT VHF 无线电对讲机,它所使用的 APRS 频率是 11.390MHz。

我所制作的 Icom 无线电对讲机的连接线缆和插头如图 12.23 所示(它还没有最后完成,插头和线缆都需要整理)。

如图 12.24 所示,就是该线缆的示意图。如果你要完整制作该连接插头(在电子商店可以购买到以下零部件),则可以参考图 12.25 所示的示意图。

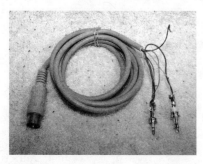

图 12.23　手工制作的 BuxComm RASCAL 和 Icom 手持无线电对讲机连接线缆

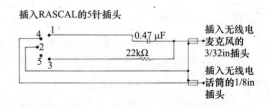

图 12.24　手工制作的 Rascal-Icom 无线电台连接线缆示意图

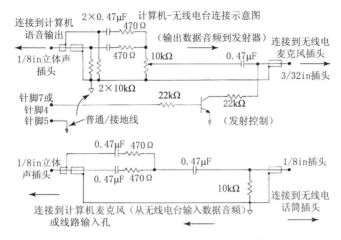

图 12.25　通用的计算机-无线电台接口线缆示意图

7. 一旦连接线制作完毕,你需要对它进行测试,并且保证它能做以下 3 件事情:

- 允许声卡数据包无线电程序接收其他设备传输过来的信号并且进行解码。
- 控制无线电发射器,这样你才能将 APRS 位置数据发送给其他人。
- 通过发射器发送无线电调制解调器音频,这样其他电台才能清晰地接收到你的 APRS 数据。

现在你只需要将线缆连接到正确的地方就可以进行功能测试了。在使用 BuxComm 通信设备公司的 RASCAL 连接线缆和 AGWPE 软件时,还有一个小技巧:软件中的无线电端口使用着的那个音频频道是不受控制的,所以你可能需要不断实验和交换端口分配。例如:我使用了无线电端口 Port♯1 传输信息,但是没有音频;使用了无线电端口 Port♯2 获取音频,但是又不能传输信息;最后我将 BuxComm 连接设备内部的音频线缆进行了反转设置,这样才一切正常,Port1 既可以控制音频又可以发送数据。如图 12.24 所示,手工打造的连接线最好只用于一个无线电对讲机,当然,你也叮以进行修改,将它的左右声道分开,对应使用 2 个无线电对讲机。

为了测试第一个项目,AGWPE 程序提供了一个声卡调节工具,它可以显示输入信号的波形和图案,帮助你调节无线电对讲机的音量和声卡的 Line In(线路输入)或 Microphone(麦克风)音量,以便获得"完美"波形。要启动该工具,可直接单击任务栏托盘中的 AGWPE 图标,然后选择 Sound Card Tuning Aid(声卡调谐助手),该程序有很详细的操作指导以及帮助文件,让你理解所看到的波形的意义。有了这项功能之后,你也可以将自己的计算机变成一个多功能的示波器,通过它来分析无线电信号。你的无线电台应该能接收到附近不少的 APRS 电台(当然如果你身处荒郊野岭那就不好说了),但是,该程序将显示随机白色噪音的波形,你需要调节它们的音量,这样才能看到未被扁平化或挤压的波形。

在第二项测试中,APRS＋SA 程序将被用于控制无线电信号发射器。你可以观察无线电对讲机上的信号发射指示灯,或者监听其他无线电台,然后在 APRS＋SA程序中同时按下 Ctrl＋P 键,这将导致 APRS＋SA 控制信号发射器,并且试图发送出数据流。你可以看到无线电对讲机上的信号发射指示灯已经亮了。如果你在监听其他调到相同频率的无线电台,则可以发现它已经提示收到信号了。

在进行第二项测试时,如果你在其他无线电台中听到了声音,但是音量非常低,这表示计算机－无线电台连接上的声卡话筒/耳机音量调节需要重新调整,以便产生更高的音频输出。反之,如果你听到的声音太大,甚至有些扭曲失真,那么毫无疑问你需要调低输出音量,直至声音表现清晰(可以不悦耳,但是一定要清晰)。

像这样仅凭感觉来调节音量显然是不够精准的。如果要精确设置信号发射器的调制音量,需要使用偏正测量尺、偏正仪或通信服务监视器等,这样也许你只有找附近的"火腿族"帮忙了。使用测试仪器来测量调制音量当然是进行此项调节的最佳方法。如果你没有上述仪器,也不必灰心,我们告诉你一个也算不错的方法,那就是在一定范围内使用其他无线电台,看看它是否能接收到你发送的 APRS 地址数据并进行正确的解码。如果可以,那么你的输出设置基本上没有什么问题;如果不行的话,则说明输出音量太高或者太低。

当你可以发送和接收 APRS 数据之后,在追踪项目中剩下的步骤就是在 APRS＋SA中进行调节,使得你的 GPS 数据能被正确发送,不至于让你的数据报告湮没了无线电系统进而溢出 Internet 服务器。最后,你还需要将整个系统都移植到汽车上并且带着它运行。

8. 配置和启用 APRS＋SA 中的 SmartBeaconing 设置,使系统能按固定间隔周期自动发送你的位置信息,允许他人追踪你的位置和移动。单击菜单栏 Setup(设置)＞Main(主要),进入 Main Parameters(主要参数)对话框,选中 Port2 GPS 选项区域中的 Smart(智能)按钮前的复选框,如图 12.26 所示。

单击 Smart(智能)按钮即可访问其参数,如图 12.27 所示。在该对话框中有 7 个参数可以调节:

• Beacon Stopped (sec)——Beacon 停止时间,以 s 为单位。最低值是 1200s (＝20min)。当程序计算出你没有移动时,它将在该间隔周期内发送你的位置数据。

• Beacon Fast (sec)——Beacon 高速发射时间,以 s 为单位。当你的移动速度超过了 Slow Speed (mph)设置,但是比 Fast Speed (mph)设置的速度要慢时,程序将按该间隔周期发送你的位置数据。

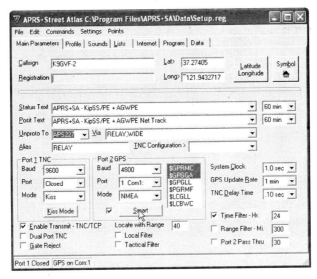

图 12.26 选择 APRS+SA 中的 SmartBeacon 设置

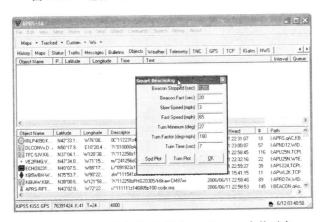

图 12.27 APRS+SA 中的 SmartBeacon 参数列表

• Slow Speed（mph）——低速设置，单位是 mil/h(英里/小时)。如果你的移动速度低于该设置，则程序会认为你已经停止移动，并且按 Beacon Stopped（sec）参数设置的时间间隔发送位置信息；只有移动速度高于该设置时，程序才会认为你在做有效移动。

• Fast Speed（mph）——高速设置，单位是 mil/h。当你的移动速度达到该参数时，Beacon 将不再因为速度变化而改变数据发送的间隔时间，所以，如果你的移动速度超快，则追踪效果的精确性将有所降低。在某些 APRS 程序中，一旦你的移动超过该速度，则 Beacon 将停止工作。

• Turn Minimum（deg）——最小转弯方向（以角度为单位）、Turn Factor（degxmph）——转弯因数（角度×时速）、Turn Time(sec)——转弯时间（以 s 为单

位)。这 3 个参数可以控制转弯追踪的精确程度,否则拐直弯可能会被认为移动停止。这 3 个参数最好保留默认值。

• Spd Plot(速度绘图)和 Turn Plot(转弯绘图)按钮将显示已经收集到的数据点的图形。

SmartBeaconing™是由 Tony Arnerich(其呼号为 KD7TA)和 Steve Bragg(其呼号为 KA9MVA)发明的,它可以综合平衡数据发送次数、移动速度和转弯因素等,使得我们对移动汽车的追踪更加精确。

▇ 在地图程序和 APRS 之间共享 GPS 数据

在使用计算机串口时,你可能会遇到一个问题,即在各个程序之间不能很好地共享该端口。一旦你将 GPS 设备和该串口/COM 端口连接上之后,再运行程序通过它获取地图数据时,只有一个程序能通过该端口接收或发送数据。当然,如果你只有一个程序需要它的数据,那这个问题就不是问题。

我们在建立自己的导航系统时发现,我们可能需要两个应用程序来获取 GPS 接收器的数据。即地图程序和 APRS 程序。要解决一个应用程序独占一个端口的问题,可以有两种方法。其中一个方法便是使用或添加第二个串口,然后通过连接线从 GPS 分流数据到达两个端口。当然,这种方法稍嫌麻烦,且不说绝大多数笔记本电脑都没有两个串口/COM 端口,光是那些连接线就可能把你缠得一团糟。

第二个方法是纯逻辑意义上的。即:让其中的一个应用程序处理串口/COM 端口和 GPS 数据,然后将接收到的数据拆分开来,分发给其他应用程序。从原理上说,这是完全可行的,至少在 Windows 操作系统中是如此。因为物理串口信号对于设备驱动程序总是可用的。所以,如果我们插入其他应用程序,并且把它们也当作串口设备驱动程序,那么我们就可以创建多个逻辑串口或虚拟串口。事实上,AGWPE 程序就是依照这种原理工作的,它针对声卡制作了一个软件驱动程序,使声卡扮演了一个串口和硬件数据包调制解调器的角色。

解决问题的答案就在于我们引入的这款新软件:GPSGate。编写者的目的就是通过它在多个应用程序之间共享 GPS 数据。当然它还有其他功能,不过这项功能对于我们来说是最合适不过的了。GPSGate 可以"独占"一个特殊的串口/COM 端口,然后通过对它进行配置,产生多个虚拟端口,以便供其他程序使用。这种解决方案真是太好了,它完美地"骗"过了地图程序和 APRS 软件,虽然这些端口是虚拟出来的,但是在功能上却没有任何影响。

要安装该软件,请首先到 www. franson. com/gpsgate 站点去下载。注意:该软件有两个版本——GPSGate Express(简化版)只能由两个应用程序共享一个 GPS,而 GPSGate Standard(标准版)则可以产生任意数量的虚拟 COM 端口,允许多个应用程序通过 ICP/IP 连接共享同一个 GPS。

GPSGate Standard(标准版)的安装向导将扫描你的系统,在所有可用 COM

端口上识别出包含 GPS 数据的端口,然后将该端口分配给自己,形成"独占",如图 12.28 所示。与此同时,它还可以创建出一个 TCP/IP 应用和四个虚拟 COM 端口,如图 12.29 所示,最后通过这些端口共享输入的 GPS 数据流。

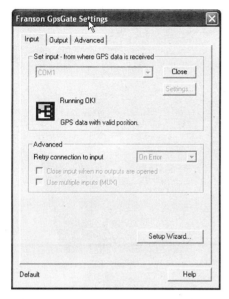 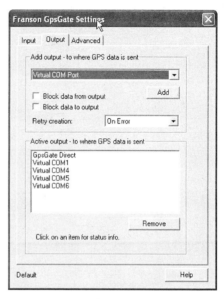

图 12.28　Franson GPSGate 程序典型的输入　　**图 12.29**　GPSGate 输出端口选项显示了四个
　　　　　端口配置　　　　　　　　　　　　　　　　　　虚拟端口和一个以网络为基础的 COM 端口

　　你可以重新配置该程序,"独占"其他输入数据的 COM 端口,或者增加输出数据的端口。另外,你也可以多次运行该程序,实现多路 GPS 数据输入,并且共享出更多的输出端口。在确定输出端口或重新配置之后,这些虚拟端口就可以在其他软件和程序中使用了。例如,你只要在地图软件中修改一下 COM 端口选择,将它设置成GPSGate提供的虚拟输出端口就可以,而 APRS 程序当然也可以使用 GPS-Gate 提供了另外一个虚拟输出端口,它们之间谁也不妨碍谁了!

■　小　　结

　　"火腿族"将自己的位置数据发送到天空中,返回的结果是 Internet 上 Google 地图中的一个小点,这个点或许在辽阔的大草原中,或许在优美的海岸线上;这一个个的小点是那么神秘而真实,因为它们是会移动的! 小点越来越多,预示着我们在全球的朋友也越来越多,关注和友谊,让我们的生活从未像现在这样美好。

让好友通过 Google 追踪你的旅程 13

使用 GPS 和地图程序无疑使我们的旅程充满了乐趣——它可以为我们显示大量的地理信息,有待发现的新景点和新事物,并且让我们不再迷路。到目前为止,如果你要和其他人分享你的旅行,那么只能限制在使用了 APRS 技术的业余无线电台操作员范围内,或者是购买了(昂贵的)商业汽车追踪服务的客户。

现在,只要使用 GPS 接收器、笔记本电脑(我们姑且称它为"车载计算机")、手机数据调制解调器或 WiFi Internet 访问、个人 Web 站点、再加上一些小软件,你的家人和朋友就可以轻松追踪你的旅行,这比"火腿族"的装备要简单,当然更比那些昂贵的商业服务要经济得多。

在本书第 12 章中,我们已经详细介绍了业余无线电追踪程序 APRS+SA,它提供了诸多功能,允许程序通过 Internet 将 GPS 数据传送到 APRS 服务器。此外,我们也已经介绍了如何将车载计算机连接到 Internet。当然,APRS+SA 及其相似的 APRS 和数据包无线电程序并非旅行追踪的唯一手段。

APRS 程序的 Internet 连接功能主要目的是传递气象和其他位置数据,以便应付突发状况和紧急事宜。车载无线电台在这种情况下就变成了一个消息转播站。如果你不是一个痴迷于无线电台的奇客,或者你只是想让家人朋友分享你的旅行,却不想弄得那么复杂,那么不妨试一试 GEtrax 和 Google Earth 这两款软件,其中,GEtrax 软件可以记录你的行程,而 Google Earth 程序则可以提供你当前位置的地图和航拍图片,有了它们,你的家人和朋友就可以在 Internet 上追踪你的行程了。

通过 Internet 追踪移动的人时,需要周期性地更新 GPS 数据到地图软件。这其中的关键是将"被追踪物体"(移动的汽车或人)的数据传递给追踪者(在本项目示例中,也就是你的家人和朋友)。GPS 位置数据更新越频繁,追踪也就越精确。如果使用 APRS 和 Smart Beaconing 软件的自动位置数据更新功能,那么每 20s 就会发送一次新数据。而如果是普通人偶而为之的话,每 5~10min 更新一次可能会更合适一些。

这个过程其实非常简单——首先,我们使用 GEtrax 程序从 GPS 接收器收集到位置数据,这些数据将以 Google Earth 数据文件的格式累积保存到车载计算机的硬盘上。注意:这里的 Google Earth 数据文件是关键,它记录着你的位置和旅行信息。

接下来,你需要将 Google Earth 数据文件发送给你的家人和朋友。你可以直接给他们发送电子邮件,也可以通过 FTP 将文件复制到某个服务器,然后你的家人和朋友再从该服务器获取所需的文件。这个步骤我们需要 Internet 连接(使用手机上网或 WiFi)、电子邮件程序或 FTP 程序。你的家人和朋友当然也需要能访问 Internet,他们在获得你的 Google Earth 数据文件之后,就可以通过 Google Earth 软件查看你的行程文件,打开地图观察你所在的位置。实施该项目大概需要 2 小时左右的时间——其中绝大部分时间又都消耗在下载和安装软件上。

■ 零部件清单

• GPS 接收器——要求能配置为标准的 NMFA 输出数据。

• GEtrax 软件。其下载地址为:http://web. 295. ca/~gpz550//GEtrax/。也可以使用 Earth Bridge 软件,其下载地址为:http://mboffin. com/earthbridge/。

• 移动 Internet 连接——WiFi 或手机上网方式。

• Google Earth 软件。其下载地址为 http://earth. google. com。注意:不但车载计算机上需要安装,追踪你行程的家人或朋友的计算机上也需要安装该软件。

• Novell NetDrive 软件。其下载地址为:http:// www. loyola. edu/5555/netdrive/applications/netdrive. exe。

• SLEEP. EXE 程序。该程序可以在 Microsoft Windows 2003 Resource Kit(资源工具包)中找到,也可以从以下地址下载:http:// www. microsoft. com/technet/downloads/winsrvr/tools/default. mspx。

• Franson GPSGate 软件。其下载地址为:http:// www. franson. com/gpsgate。该软件为可选项。

• 用来接收你的 Google Earth 数据文件的 FTP 服务器——免费的 GeoCities 网页或某些提供个人网络存储空间的站点均可。

• 命令和数据文件——我们将在后文中提供。

■ 操作步骤

1. 确认你的车载计算机(笔记本电脑)能够通过手机无线上网或以 WiFi 方式连接到 Internet。虽然该连接不必一直处于活动状态,但是,由于你要频繁地发送 Google Earth 数据文件到网络服务器,所以你要保证它的有效畅通,也只有这样,你的家人和朋友才能及时更新数据,了解你最新的旅程。

2. 下载在"零部件清单"中列出的各个软件。

3. 如果你打算和其他人动态共享你的 Google Earth 数据文件,但是又不愿意给他们发送电子邮件,则需要考虑网络空间问题。如果你有 FTP 空间,则可以进行数据传输配置,使得文件可以正确上传。

4. 在车载计算机上安装 Google Earth 软件,并且让那些打算追踪你行程的人也安装该软件。

5. 将 Windows 2003 Resource kit(资源工具包)文件安装到以下默认的文件夹位置:C:\Program Files\Windows Resource Kits\Tools。

6. 将 SLEEP.EXE 文件(可以在 C:\Program Files\Windows Resource Kits\Tools文件夹中找到)复制到 Earth Bridge 用来保存 Google Earth 数据文件的文件夹中。例如,我使用的文件夹是 C:\NAV。

7. 安装、运行、配置并验证 Earth Bridge 的操作,如图 13.1、图 13.2 和图 13.3 所示。

你需要 Earth Bridge 做的第一件事是收集来自 GPS 接收器的数据,然后将它以 Google Earth KML 文件的格式保存起来。这 2 项都可以在程序的 Preferences (首选项)选项卡中进行配置。如图 13.1 所示。为了更容易查找 Google Earth KML 文件,我选择了将它们保存在 C:\NAV 文件夹中。你可以根据自己的喜好随意更改文件和文件夹的名称,只要你能在后面的 FTP 设置中将它对应起来就可以了。

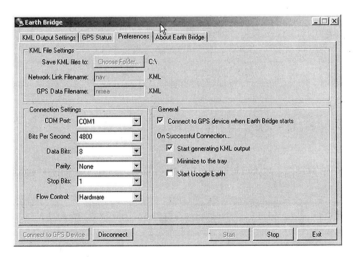

图 13.1　出现在 Earth Bridge 软件 Preferences(首选项)
选项卡中的数据文件和 GPS 端口设置选项

在配置完 Earth Bridge 软件之后,即可单击 Connect to GPS Device(连接到 GPS 设备)按钮,将 GPS 接收器的数据传输到程序中。该按钮在程序的各个选项卡中都可以看到,包括 GPS Status(GPS 状态)选项卡,如图 13.2 所示。GPS Status

（GPS 状态）选项卡显示了你的 GPS 接收器可以"看到"的卫星数量、相应的信号强度、数据接收的质量以及你当前的坐标等。一旦你确认 Earth Bridge 已经从 GPS 设备上取得数据，则可以在 KML Output Settings（KML 输出设置）选项卡中配置你的位置在 Google Earth 程序中显示的方式，如图 13.3 所示。你可以在 Place mark Title 框中给自己所在的位置输入一个标题，或者通过 Viewing Angle（观察角度）控件设置他人观察你的角度等。

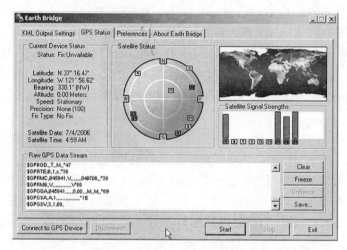

图 13.2 Earth Bridge 报告的 GPS 和卫星接收状态

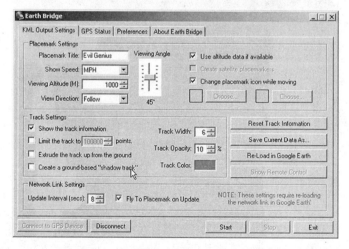

图 13.3 Earth Bridge 可以设置地图数据在 Google Earth 中的显示方式

单击 Start（启动）按钮即可开始保存你的位置信息，并且将这些数据追加保存到你在 Preferences（首选项）选项卡中设置的 KML 文件中。

8. 使用 Windows"记事本"程序创建以下 3 个自定义命令和数据文件，并且保存到 C:\NAV 文件夹中。

SCHEDNAV. CMD 文件的内容：

```
:START-LOOP
Call upload.cmd
SLEEP 300
Goto START-LOOP
```

该命令文件首先会调用 UPLOAD. CMD 文件，将你的 Google Earth KML 文件上传到 FTP 站点，然后运行 SLEEP 程序等待 300s(5min)，之后再重复执行文件上传操作。在上传过程等待的 5min 时间内，Earth Bridge 程序仍然在累加保存数据点，这样，得到 Google Earth KML 文件的人就能通过不断刷新，追踪你的详细旅程。

UPLOAD. CMD 文件的内容：

```
ftp-s:upload.dat-d-v
ftp.yourftpsite.net
```

该命令文件可以使用 Windows 内置的 FTP 客户端软件将 Google Earth KML 文件上传到你的 FTP 站点。它所使用的 FTP 命令和信息都来自于 UPLOAD. DAT文件。

注意

ftp. yourftpsite. net 就是你的 FTP 站点。在实际操作时，你需要使用自己的站点替换该名称。

UPLOAD. DAT 文件的内容：

```
ftplogin@yourftpsite.net
ftppassword
put nmea.kml nmea.kml
quit
```

UPLOAD. DAT 文件包含了 FTP 客户端软件所需要的命令和信息，它可以自动将 Google Earth KML 文件上传到你的 FTP 站点（无需额外的键盘输入）。在本示例中，我所保存的 Google Earth KML 文件名为 NMEA. KML。想要追踪我旅程的人在获得该文件之后就可以在 Google Earth 软件中查看到我的位置。如果你在 Earth Bridge 软件中修改过文件名，那么一定要记得在这里作相应的修改。当然，使用不同的文件名可以记录和保存不同的旅程。

此外，ftplogin@yourftpsite. net 和 ftppassword 这两个项目也需要作相应的修改。ftplogin@yourftpsite. net 是你的 FTP 登录用户名，ftppassword 则是你的 FTP 登录密码。

9. 在创建完命令文件之后，请首先运行 UPLOAD. CMD 文件，观察屏幕上是否有错误信息出现。如果你编写命令的格式和参数都正确,则会出现信息,提示你已经成功地将数据文件传输到 FTP 站点。在确认UPLOAD.CMD命令文件可以正常工作之后,你可以开始测试SCHEDNAV.CMD文件,将数据文件定期传输到 FTP 站点上,方便他人下载并在 Google Earth 中使用。为了防止分心,你可以将其窗口最小化。

10. 在每台追踪行程的计算机上都运行 Google Earth 程序,然后在对话框中设置数据文件(NMEA. KML)的位置。操作方法是:单击 File(文件)＞Open(打开),在出现的对话框中选择 FTP 站点上的 KML 文件,如图 13.4 所示。NMEA. KML 文件的路径格式大体如下:http://www.yourftpsite.net/nav/nmea. kml。最后单击 Open(打开)按钮。

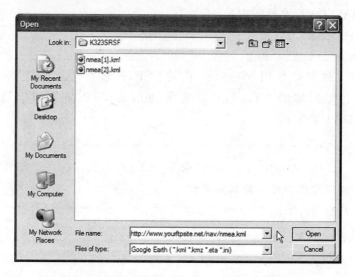

图 13.4 选择 Google Earth 要显示的 KML 数据文件

11. 在 Google Earth 软件左面的 Places(位置)窗格中,使用鼠标右键单击刚才打开的“旅程”数据,然后在出现的关联菜单中选择 Edit(编辑),打开 Edit Network Link(编辑网络连接)对话框,如图 13.5 所示。你可以修改某些参数和数据显示方式,以创建一个定期更新的追踪地图。选中Refresh Parameters(刷新参数)复选框,就可以设置 Time-Based Refresh(基于时间的刷新)参数了,该时间间隔应该不短于车载计算机上传 KML 数据文件的时间间隔。否则对方尚未上传新文件,你这边刷新也没有什么意义。注意:不要设置View-Based Refresh(基于视角的刷新)参数,并且确认清除 Fly to View on Refresh(刷新时采用鸟瞰视角)复选框。最后单击 OK 按钮关闭对话框。

本项目的结果可以通过 Google Earth 服务器返回的鸟瞰照片查看到,被追踪的车载计算机的位置及其周边景物都一目了然,如图 13.6 所示。

图 13.5 改变 Google Earth 参数显示更新的 KML 数据文件

图 13.6 使用 Google Earth 程序显示你所追踪的 GPS 设备/车载计算机的位置

■ 追踪方法和技巧

本章的追踪项目和第 12 章使用 APRS 的追踪项目有很多的不同。最明显的是，本章项目需要 Internet 连接从车载计算机上将 KML 数据文件上传到 FTP 服务器，而追踪者则需要将数据下载到本地，然后在 Google Earth 软件中打开。由于这里面存在一个时间差，所以它显得不那么精确，看上去也不像 Smart Beaconing 软件那样专业，但是它也有一项优点，那就是：它的实现过程相对来说要简单得多。

其实，以 Google 地图为基础的追踪系统也有一些是很复杂的，它们需要对车载 PC 做更多的配置、使用 Linux 服务器和软件、对 Google 工具重新修改并使用 Google 在线地图（而不是简单地使用 Google Earth 软件），所有这些都可能使项目变得很复杂，也不便宜，当然，效果也会更好一些。

Earth Bridge 软件正在不断改进，未来也许会内置 KML 数据文件的上传功能。还有一款软件和它相似，那就是 GEtrax，该软件也可以创建 Google Earth KML 文件，然后通过中间媒介（像 FTP 站点之类的）传输到 Google Earth 应用程序中。这款 Google 追踪软件虽然看上去不够豪华或智能，但是却可以通过 Google Earth 获得令人激赏的显示效果。

■ 小 结

我不得不说，本项目从头到尾都显得很酷。从技术层面上说，它实施起来一点也不难；你只需要花点时间下载软件，以及将所需硬件连接起来即可。至于 FTP 网络服务，你完全可以找到一个免费的。剩下的任务，就是打开 Google 地图软件开始享受其中的乐趣了。

PC 气象台

我国幅员辽阔,气候条件也大不一样,当东北那嘎达天寒地冻的时候,海南三亚却正是骄阳如火;当起自大西北的沙尘暴穿过戈壁,漫卷京城的时候,春城昆明却依然花开烂漫,游人如织。无论你生活在什么地方,天气永远是重要的生活因素。古人说:"出门要看天",那是因为我们的工作、学习、娱乐乃至家务杂事都和气象息息相关。

天气可以决定我们穿什么样的衣服、做什么样的活计,当然也可以决定我们走哪一条道路。在我国的许多地方,你光看报纸上的气象信息或者光听电台、电视台的天气预报,那是不行的,我们还需要知道最近区域的气候变化,并尽早做好应对措施。

在好莱坞影片中,当龙卷风从数英里之外席卷而来的时候,主人公还傻呆在她的农场里面,她不知道龙卷风就要来了吗?(废话,她如果先逃走了就不会有整部电影了。)当然,那只是电影,无论遭遇多大的灾难,主人公总能死里逃生,但是,对于我们生活在现实中的普通人来说,还是尽早离这些气象灾害远一点为好。远的咱不说,光是 2008 年春节南方的这一场雪灾就足够让许多人铭记终生了。当严酷的雷暴或龙卷风袭来时,如果我们能预先掌握所在地的气象信息,就有可能使我们产生足够的警惕意识,并且积极做好防范工作,免除可能的厄运。

我们使用计算机能做到的最实用的科技项目也许就是结合计算机科学和气象学,产生一个功能强大的气象台。我们可以自己保留这些信息,也可以将这些本地气象数据贡献给官方的气象服务数据库,使科学家们能更好地预测天气,研究环境,造福社会,服务人类。

气象观测本身也是一件很有意思的事情,它还能增长我们的见闻。例如,当天气发生变化时,我们可以记录人们行为的变化、感觉的变化,而这些东西都是我们平常容易忽略的信息。如果我们的经验足够丰富,那么,无需复杂的设备,我们就能准确地判断风力和气温等的变化。要创建一个以计算机为基础的气象台,我们还需要添置一些简单、便宜的配件。首先,我们当然需要有一台计算机,然后还需要花点时间将那些配件组装和连接起来,最后还需要安装一些软件。

　　我们在网络上发现了许多销售各种气象台系统的站点,价格有很便宜的,也有稍贵一些的。例如:Davis Instruments(其网址为 www. davisnet. com)、LaCrosse Technology(其网址为 www. lacrossetechnology. com)、Oregon Scientific(其网址为 www. oregonscientific. com)。但是,本着经济实用的原则出发,我最后在 AAG Electronica 站点(其网址为 www. aagelectronica. com)找到了 1-Wire Weather Instrument Kit V3.0(1 线气象工具套件,版本 3.0)。

　　这个 1 线气象工具套件的售价大约 79 美元,加上运费合计大约 120 美元,它提供了风速、风向和温度测试功能。如图 14.1 所示。它还有一套附件(每套售价大约 100 美元),可以测量空气湿度和雨量等。这个所谓的"1-wire"(1 线)的名字多少有些误导,但它确实只使用了普通的电话线,而没有使用那种粗大复杂的线缆或无线技术,不会对其他设备造成干扰。最关键的是,它足够便宜,也很易用,并且包含了你需要安装和测试系统的全部软件。此外,你还可以通过 Internet 共享你的气象信息。

图 14.1　AAG 气象台的核心部件其实是 1 组(3 个)感应器,可以监测风速、风向和温度

■ 零部件清单

* AAG 1 线气象台和信号适配器(120 美元,含运费)。有关详细信息,请访问以下网址为 www. aagelectronica. com。

* Weather Engine 5(气象引擎)、TAI8515 测试和适配器测试软件。这些软件均可以从 AAG 的 Web 站点免费下载。

* Citizen Weather Observer Program(市民气象观测程序,其下载地址为 www. findu. com/citizenweather/cw_form. html)和 Weather Underground(非传统气象,其下载地址为 www. wunderground. com)注册(都可以免费注册)。

* Internet 连接。

* TV 天线 U 型螺钉,安装气象台时要用到。

* 8m、15m 或 30m 电话线(需要适当修改)。

- RJ-11电话接头。

 工具箱

- 普通手工工具——螺丝刀、可调节扳手。
- 压线钳。制作RJ-11电话接头时需要用到。
- 电钻和1/4in钻头。

警告

虽然打造本项目总体来说还算是比较安全的,但是,由于你需要在安装臂上使用电钻(钻出若干个小孔),并且需要在至少离地5m高的地方(或房顶上)安装气象感应器(探测风向和风速等),所以你必须预先做好安全防范工作,特别是在使用电钻、攀爬楼梯时,更应该小心作业。

在使用楼梯、打孔、连接电线和安装感应器元件时,要注意保持适当的安全距离,避免触电和造成伤害。

在天空中出现闪电时,为避免损坏你的计算机,应该及时断开PC机背面感应器元件的连接。

■ 操作步骤

1. 你的气象台、安装条、螺丝刀、适配器插头和一短根测试电线等都可以装在一个相对较小的盒子中,如图14.2所示。要在完全组装之前测试感应器元件、适配器、电线和计算机上的软件,你至少需要将风速杯、风向标组合在一起,并且准备安装条,如图14.3所示。

图14.2 AAG气象台系统运来的零部件(尚未组装)

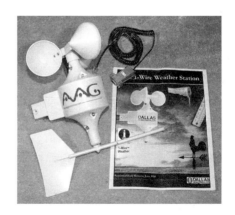

图14.3 AAG气象台已经组装完毕,可以进行测试了

2. 下载和安装AAG Weather Engine(气象引擎)和测试软件。将信号适配器连接到计算机串口/COM端口或USB端口,如图14.4所示。

3. 在计算机适配器和气象感应器之间连接那根短的测试电线。这样我们就可以在安装设备之前配置软件和测试感应器。在配置软件时,我们可以先选择 PC 机上已经使用的 COM 端口,然后单击 Init(初始化)按钮进行初始化,再单击 Search New Device Now(立即搜索新设备)按钮开始搜索感应器。当感应器设备出现在屏幕上时(图 14.5),单击 Apply(应用)按钮,然后单击 Exit(退出)按钮关闭 Wizard 1-Wire Configuration(1 线配置向导)对话框。在设备配置完成之后,你可以旋转风速杯和风向标,看一看程序如何反应和显示。

图 14.4　气象台串口/COM 端口适配器插头已经连接到 PC 机端口

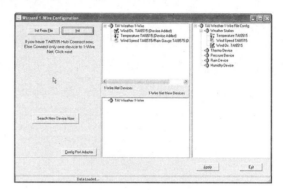

图 14.5　气象台软件配置

4. 如果你的气象台在感应器和 PC 机之间使用标准电话线和接头,那么信号很容易在电话线中丢失。电话线越长(8m 或 8m 以上),则信号丢失的现象越严重。而如果你要将感应器安装在 5m 高的柱子上(或者房顶上),那么所使用电话线的长度就很容易超过 8m。

为了避免信号丢失(在测试软件中将显示为"没有探测到设备"),你需要对标准电话线进行适当的修改,使它能远距离传递数据信号。普通电话线使用的是两条相互平行的电线,这样会产生大量电容,使感应器的数据信号严重衰减。明白了这个道理之后,解决的方法也就随之出现了,即我们要避免产生电容,改为使用不相邻的电线。

电线的修改方法很简单:我们可以剪切掉原有的电话线接头,然后重新制作新的接头,并且使用不同的内部电线。另外,修改时还需要用到 RJ-11 电话接头压线钳和一对 RJ-11 模块插头。

具体操作步骤是:首先,将电话线上原有的接头剪切并扔掉;其次,使用压线钳上的绝缘剥皮钳将电话线两端的绝缘材料剥离,露出黑色、红色、绿色和黄色的绝缘电线。

在普通电话线中,一般使用红色和绿色电线携带信号,1 线气象感应器同样如此,它中间的两个触点是信号连接。现在我们需要择取 2 根不相邻的电线——要么是黑色和绿色,要么是红色和黄色,然后将它们连接到接头中间的两个触点,而剩下的 2 根电线则不需要连接到任何东西。

我选择的是红色和黄色电线,将绿色和黑色电线剪切掉,然后将红色和黄色电线插入到接头中间的两个触点,使用压线钳将它们牢牢地压紧、固定住。在执行该操作时,请确认红色电线和黄色电线所使用的触点在每个末端是相同的。如果你把它们的顺序搞反了,那么将导致连接失败。

在插头紧固并连接之后,请重复步骤 3,以确认连接无误,电线能正常工作。如果电线改造成功,则可以开始安装感应器元件。

5. 气象感应器的安装条并没有预留天线杆的安装位置,这意味着该项安装将由你自己决定。其实,如果使用房顶上已有的电视天线杆,效果可能会更好。

就我个人的现实状况而言,在我的办公室、车库、制作室、实验室的屋顶上都可以找到安装天线杆的地方。如果你居住的是公寓,那么你的选择可能就非常有限,并且如果是沿着大厦的一边安装设备的话,将来也很可能无法获得准确的风向和风速数据。

根据你的安装计划,你可能需要使用电钻在安装条上打几个安装孔,以适应较大的 TV 天线杆。在打孔时请注意做好安全防护工作,而且打的孔也不要太大,刚好能容纳安装螺钉即可。

现在你可以将气象台感应器、天线杆安装在一起并且牢牢紧固,如图 14.7 所示。

一旦安装完成之后,请再次测试软件和感应器配置,以确认它们仍然能正常工作。

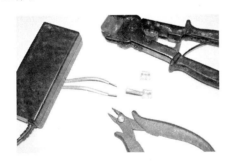

图 14.6　修改标准的电话线,以便
在气象台系统中使用

图 14.7　AAG 气象台感应器
已经安装上天线杆

6. 当你安装的气象台正在 1 线 Weather Engine(气象引擎)程序中正常收集和显示数据时,如图 14.8 所示,你就可以开始向全球共享你的气象数据了。你可以注册 Weather Underground 和 CWOP 服务(两家都可以免费注册),然后在 1 线气象台程序中进行 APRS & Weather Report Configuration(APRS 和气象报告配置)选项设置,如图 14.9 和图 14.10 所示。

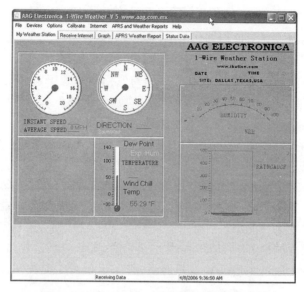

图 14.8　AAG 气象台控制程序的典型屏幕

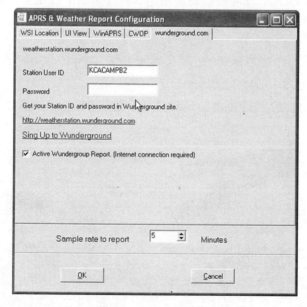

图 14.9　在 Weather Engine(气象引擎)程序中的 Weather Underground 上传服务配置

7. 如果你的新气象台已经设置为通过 Internet 共享数据,那么你就可以在每个气象报告站点观测到当地气象信息的记录。图 14.11 所示的是 Weather Underground气象报告站点,而图 14.12 所示则是 FindU. com 气象报告站点。你可以注意到,这两家站点都提供了你所在位置的经度和纬度,并且可以提供你的位置地图。

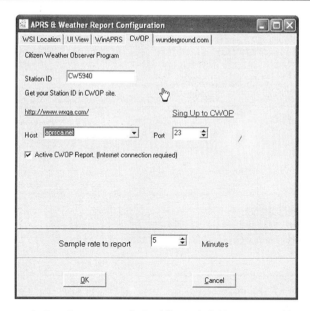

图 14.10　在 Weather Engine(气象引擎)程序中的 CWOP 上传服务配置

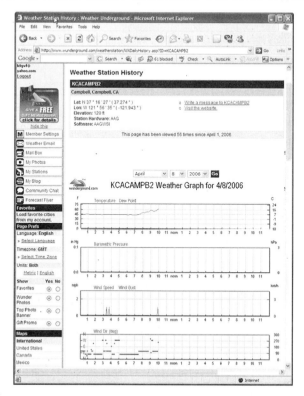

图 14.11　www.wunderground.com 站点上气象报告的示例页面。
它显示了我们的气象台所报告的数据

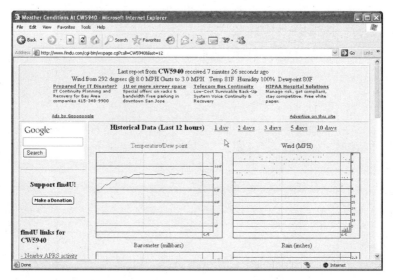

图 14.12 通过 CWOP 上传到 www.findu.com 站点的气象台数据示例

如果你对在 FindU.com 站点看到的位置数据地图感到似曾相识,那么一点也不必感到惊讶,因为 CWOP 的数据演示和 APRS 追踪信号的处理方法几乎是相同的。如果你多关注这样一些相似的程序,你就会发现:你不但可以共享有价值的气象信息,还可以提供精确的 GPS 位置数据,从而为更多的人提供有益的服务。

▦ 小 结

在我使用 PC 机所完成的诸多项目中,本章这个项目是最有价值的一个。自人类有史以来,气候就一直和我们的生活息息相关。人们研究地震、火山、海啸,试图减少或避免这些灾难给我们人类带来的厄运,但不幸的是,直到今天,人类在面对大自然的气象灾害时仍然会时常感到无力和无助。虽然我们这个项目只是一个小工程,但是却可以发动更加广泛的力量,为人类的气象研究,灾害预防提供最坚实的基础。如果人人都能身体力行,那么我想,距离人类束缚住自然灾害的日子也就不远了。

在个人电脑上看电视

众所周知,个人电脑不但能播放音乐 CD,还能播放 MP3、DVD 等,这说明个人电脑可以成为真正的多媒体娱乐中心。在以前,人们想要娱乐只能指望电视机,看个连续剧都要一集一集地巴望,而现在我们可以轻易地通过网络下载成套的电视连续剧。老实说,现在我们的娱乐不是担心节目不够,而是感叹时间不足了。

如果你和我一样,要花许多时间在个人电脑旁边,没有工夫去盯着电视,但是你又不想错过某些精彩的电视节目,那么,为什么不从个人电脑上想点办法呢? 在我们面前的,是高分辨率的 LCD 显示器,我们完全可以在计算机显示器屏中专门打开一个窗口来看电视,就像如今的彩电都具备的"画中画"功能一样。这样我们就可以一边上网聊天,一边游戏,一边看电视了!

说起来,现在网络上也有许多号称能看电视的软件,它们采用视频流的形式,允许用户一边下载视频流数据,一边播放电视,并且其节目内容也是实时对应的。不过,受到网络带宽的影响,这种网络电视软件的画面表现始终有些差强人意,不能和真正的电视相提并论。所以,真正好的解决方案还是在个人电脑上添加额外的多媒体输入,通过电视调谐卡带给你全画幅、高品质的娱乐享受。

如图 15.1 所示,就是一款电视调谐卡。像这样的调谐卡市面上已经越来越多了。它们支持连接有线电视信号源,在计算机性能允许的情况下,你可以一边流畅地欣赏电视节目,一边随时录制精彩内容。这意味着你无需增加任何设备和空间投入,就可以创建自己的 PVR(个人视频录像机)电视节目。

另外,还有一些电视调谐卡提供了合成和 S-Video 端子输入功能,这样你就可以连接到卫星输入、VCR、DVD 或 PVR,将它们都作为可选的视频节目源,如图 15.2 所示。

在 PC 机上设置电视调谐卡并不是什么难事,并且它的报价也不算贵(质量挺好的电视调谐卡也不超过 800 元)。有了它以后,你就可以在上网冲浪、收发电子邮件、下载软件等需要等待的时刻顺便见缝插针看一看有什么精彩的电视节目了。当然,你也可以按照电视节目单的安排,预先录制某些你想看的节目,等到以后闲暇时再慢慢欣赏。

图 15.1　典型的支持视频输入/输出的电视调谐卡

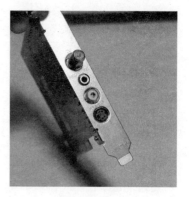

图 15.2　有些电视调谐卡还支持合成和 S-Video 端子输入节目源

■ 零部件清单

• 你的计算机必须要有一个空的 PCI 插槽(安装电视调谐卡需要用到)。

• 电视调谐卡——现在有很多品牌的产品可供选择,包括 ATI、Pinnacle(品尼高)、华硕、双敏和 Hauppauge 等。

• 硬件驱动升级(以便保存较大的视频文件)。

■ 操作步骤

1. 本项目的操作步骤浅显易懂,但是,如果你不按照提示操作的话,那么可能会导致安装失败。首先,请仔细阅读电视调谐卡的说明书,了解在打开机箱安装电视调谐卡之前,是否需要先安装其驱动程序和电视调谐卡的操作软件。如果你先安装硬件卡,则 Windows 可能会因为无法识别它而将它锁定为“未知设备”,这样你就必须先纠正它,然后才能继续。

2. 记住:安全第一! 在安装硬件卡之前一定要记得关闭计算机电源,并且断开电源线的连接。

3. 打开机箱盖,找到未使用的 PCI 插槽,插入、安装电视调谐卡并且拧紧、固定,如图 15.3 所示。最后封闭机箱盖。注意:由于机箱内部的电磁干扰较强,建议将电视卡插入距离显卡较远的 PCI 插槽中。

4. 使用购买电视调谐卡时附赠的双头音频线,将声卡的 Line In(线路输入)或 Microphone(麦克风)输入孔和电视调谐卡的音频输出插头连接起来,如图 15.4 所示。然后将你选定的电视天线、有线电视插头、合成视频或 S-Video 端子等插入到电视调谐卡。

合成和 S-Video 端子信号输入并不提供音频。合成和 S-Video 端子源设备的音频必须连接到计算机的声卡输入,并且在电视调谐卡/视频捕捉程序中将它配置为音频源。

图 15.3 在空的 PCI 插槽
中安装电视调谐卡

图 15.4 使用双头音频线连接计算
机声卡和电视调谐卡

5. 在安装并连接电视调谐卡之后,重新连接上计算机的电源,启动系统进入 Windows。当 Windows 运行时,打开电视调谐卡自带的软件进行配置,如图 15.5 所示。

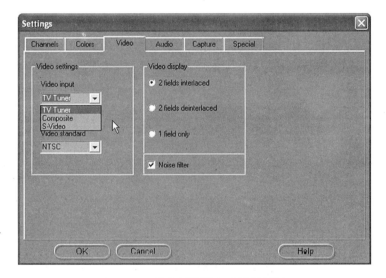

图 15.5 为电视调谐卡选择视频源

由于绝大多数的电视调谐卡支持普通 VHF 和 UHF 电视频道,所以在 Video input(视频输入)下拉菜单中可以选择 TV Tuner(电视调谐器),让电视调谐卡自己去搜索频道。如果你使用的是有线电视机顶盒,那么在该下拉菜单中也可以选择 Composite(合成)或 S-Video 输入,不过这样的话你以后就必须使用机顶盒和遥控器来改变频道。

6. 单击 Audio(音频)选项卡,设置音频输入和控制选项,以便听到节目的声音。如图 15.6 所示。在 TV playback input(电视播放输入)下拉菜单中,选择

Line In(声卡的线路输入)。在 Sound recording level(录音音量)控件中,你可以拖动三角形滑块,调节录音的音量。

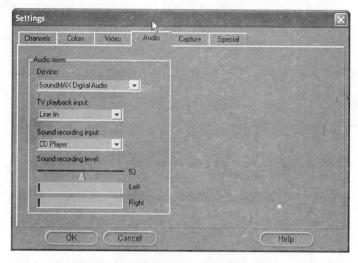

图 15.6 选择声音输入源和录音的音量

7. 接下来,你还需要配置电视节目录制时保存文件的类型和路径,如图 15.7 所示。绝大多数的电视调谐卡控制程序都支持老式的 MPEG-1 AVI 格式,也有很多支持 MPEG-2 甚至最新的高清晰度的 MPEG-4 格式。

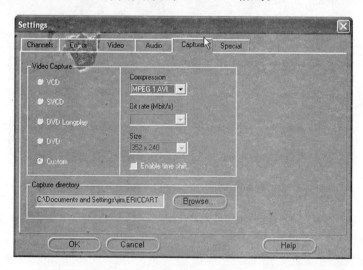

图 15.7 设置视频录制文件的压缩格式和保存位置

8. 在使用电视调谐卡欣赏电视节目之前,还有一件事情是必须要做的,那就是单击 Auto Scan(自动扫描)按钮,让它扫描一下所有可用的电视频道,如图 15.8 所示。这样你就可以确定哪些频道在使用中,哪些频道是无信号区。

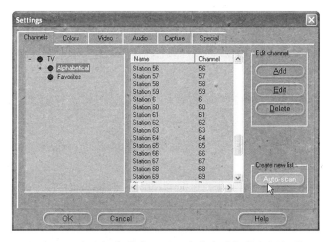

图 15.8 在电视调谐卡配置程序中自动扫描电视频道

9. 电视调谐卡控制程序在搜索频道时并没有提供什么智能功能,例如,它不知道频道 1 其实就是"海南旅游电视台",所以,该程序允许你编辑频道标签,这样,频道名称对你而言就变成有意义的了,如图 15.9 所示。

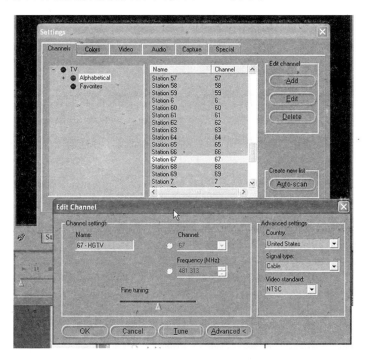

图 15.9 给频道赋予有意义的标签(名称)

10. 现在,你已经可以通过一个虚拟的电视机欣赏自己感兴趣的电视节目了,如图 15.10 所示。你可以选择频道、调节音量、录制节目和捕捉电视画面等。不过，由于电视画面会一直变化，所以你不能使用普通的抓屏软件捕捉电视画面。

图15.10　在计算机显示器中悠然自得地欣赏电视节目，不亦乐乎

　　一块接收图像清晰、显示效果出色的电视卡，不但应该具有性能出色的硬件技术，更重要的是要有良好的播放软件相配合。虽然购买电视卡时都会附带相应的应用软件，但它并不能完全发挥出硬件的性能。实际上，很多第三方电视卡软件都具有众多强大功能。使用这些第三方软件的附加功能不但能让我们在收看电视节目时更加方便，而且还可以对电视节目进行一些有选择的接收。下面我们就来介绍两款常见的电视卡增强软件。

➤ WinDVR

WinDVR是一款提供在个人计算机上观看或录制高质量电视和视频的影视软件。通过使用该软件，你可以从电视调谐卡源预览电视节目并将它实时编码为MPEG-2视频格式。其最大的优势在于它具有"电视墙显示"与"时间位移"功能。

　　"电视墙显示"就是多画面浏览，利用此功能，用户可以迅速浏览各个频道，快速找到自己感兴趣的电视节目。"时间位移"功能则是指在欣赏电视节目的同时，回放精彩镜头并跳过广告，它的原理就是对电视节目进行预先录制，用户自行设置预先录制的缓冲时间。这样，当我们在收看电视时，可以控制播放进度，去掉其中一些恼人的广告。不过，使用这种方式收看电视会比正常方式更晚些才收到信号。

➤ DScaler

DScaler不仅支持目前绝大多数的电视卡产品，而且能在各种版本的Windows操作系统下应用。该软件的功能也非常丰富，例如支持图文电视、视频转换、视频采集捕捉、截图等。特别之处是它针对不同的视频类型拥有众多的反交错插件及滤镜插件，从而使视频质量达到最佳水平。

■ 小　结

如果你希望欣赏实时视频内容，那么在计算机上添加一块电视调谐卡无疑是一个好主意，因为这不但在经济上很合算，而且也不多占空间。在本书第 16 章中，我们还将告诉你如何通过现有的电视/多媒体设置获得多种视频源，然后发送到家庭网络中的任何一台计算机上。

家庭视频转播台

　　如果你不想在计算机内装那么一块电视调谐卡，但是又想要在计算机屏幕上欣赏电视节目，有没有更好的办法呢？有。你可以让电视卡"附着"在家庭网络上，这样你家中的任何计算机就都可以共享电视节目了，你甚至可以通过 Internet 来观看电视，这是不是有点"家庭视频转播台"的意思呢？

　　在 SlingMedia 公司工作的一群天才们，创造了一款叫 Slingbox 的网络设备，它可以将有线电视信号、（数码摄像机的）合成视频信号、S-Video 输入端子等信号源通过网络传播到任何指定的计算机。在市场上还有一些类似的产品，例如 LinkSys 公司和 D-Link 公司的某些产品，可以通过无线网络共享视频或音频。Slingbox 的独特之处在于，它本身也是一台服务器，任何安装了SlingPlayer 播放软件和具有 Internet 连接的计算机都可以享受到它提供的娱乐服务。

　　如图 16.1 所示，就是我们所说的神奇的 Slingbox。Slingbox 产品还附带了一款名叫 SlingPlayer 的软件，除了上述功能之外，它们还可以遥控 VCR、机顶盒或DVD 播放器等，大大方便了用户的操作。

　　本项目简单易行。Slingbox 在网络上和电子消费品零售商店都能买到，售价大约 300 美元，附带的 SlingPlayer 软件是免费的。从表面上看，购买这样一个设备是额外增加了投入，不过从此你再也不必和家人抢电视看了，大家各得其所，这算不算是一种补偿呢？另外，如果你有家人或朋友侨居国外，那么你可以通过Slingbox 转播国内的电视节目给他们看，缓解他们思乡之情，这份情意，可不是金钱能够衡量的！

■ 零部件清单

- Slingbox。
- 网络连接——有线以太网或无线网络均可。
- SlingPlayer 播放软件。每台计算机上都需要安装。Slingbox 产品本身有赠送。另外，你也可以从以下地址下载：http：// www. slingmedia. com/us/support/downloads. php。

■■ 操作步骤

1. 拆开 Slingbox 的包装,使用它自带的线缆,将它连接到你的视频源和家庭网络,如图 16.2 所示。如果你需要将 Slingbox 连接到机顶盒、DVR 或 DVD 播放器等,那么你也需要连接其遥控器的接线。

图 16.1 Slingbox——很简单,但是很强大

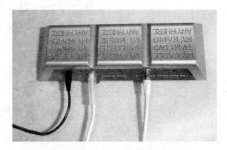

图 16.2 Slingbox 只需要 3 个简单的连接——电源、网络和电视信号输入

2. 安装 SlingPlayer 软件。启动安装程序之后,将出现如图 16.3(b)所示的第一个画面,如果你是第一次安装该软件,则可以单击 Click here to set up your Slingbox for the first time(首次使用请单击此处对 Slingbox 进行设置)按钮。如果你已经安装过 Slingbox,则可以单击 Click here if you have previously set up your Slingbox(如果你已经设置过 Slingbox 则请单击此处)按钮。此时你将看到如图 16.3(a)所示的画面,在该画面中将显示网络上的 Slingbox。

(a)

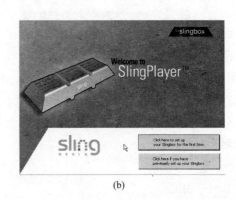

(b)

图 16.3 SlingPlayer 首次安装时出现的画面

3. 由于 Slingbox 支持 3 种视频源信号——天线、数码摄像机合成视频、S-Video端子,所以你必须在开始配置的步骤 1 中选择所使用的信号源,如图 16.4 所示。如果你只有天线或有线电视信号,则可以选择 Coaxial/RF(同轴线缆/天

线）。单击 Next(下一步)按钮继续。

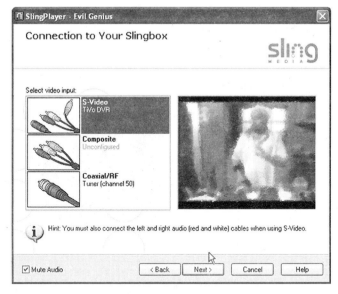

图 16.4　选择 Slingbox 输入的信号源

4. 在 Audio/Video Settings(音频/视频设置)画面中,我们可以对画面质量和音量等进行调节,如图 16.5 所示。其实,在目前这个阶段进行这种调节未免有些过早,而且那么小的画面也确实很难让我们判断出画面质量到底怎么样,所以,在这个步骤中我一般都是接受默认值,等到以后再进行调节。

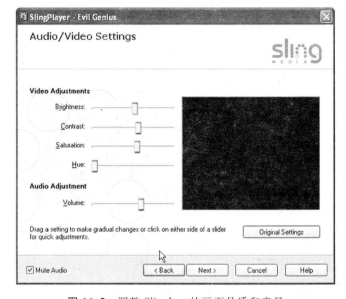

图 16.5　调整 Slingbox 的画面品质和音量

5. 根据你所选择的信号源（天线、合成摄像机或 S-Video）给 Slingbox 选择连接的设备类型，如图 16.6 所示。该选择将影响到以后的若干个步骤。

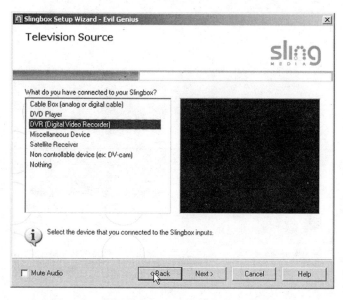

图 16.6　选择给 Slingbox 提供信号的设备类型

6. 在接下来的 2 个设置画面中，如图 16.7 和图 16.8 所示，你需要选择设备的制造商和设备模块。在本示例中，我们使用的是 TiVo 公司的 Series 2 DVR（数字硬盘录像机）。

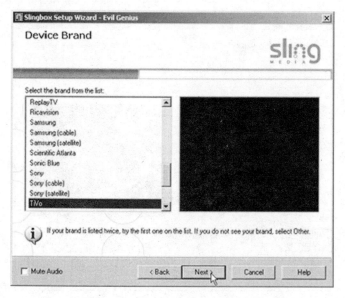

图 16.7　选择给 Slingbox 提供信号的设备的制造商

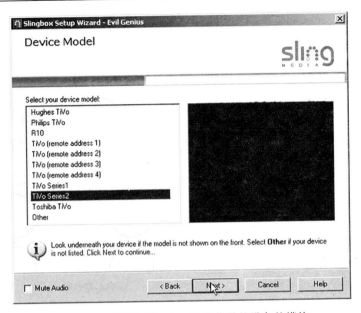

图 16.8 选择给 Slingbox 提供信号的设备的模块

7. 接下来是 SlingPlayer 的频道切换设置,如图 16.9 所示。按默认值就可以了。

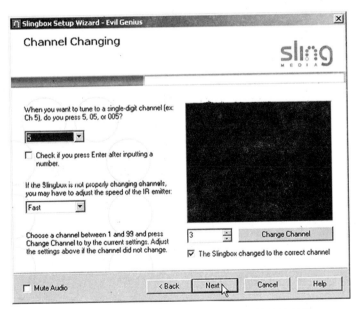

图 16.9 调整遥控设置(Slingbox 用来控制其信号源)

8. 在配置了 Slingbox 的信号输入之后,你可以给它取一个独特的名字,如图 16.10 所示。这样做就可以将当前信号源和网络上的其他信号源区分开来。

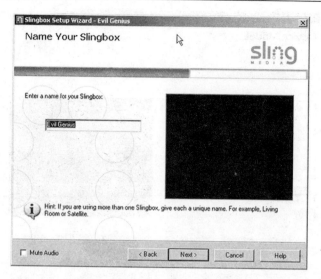

图 16.10 给你的 Slingbox 命名

9. 在给你的 Slingbox 命名成功之后，它会提示需要 2 个密码，如图 16.11 所示，一个密码是为普通用户/视频观看者设置的，另外一个密码则是给视频拥有人/管理员的。

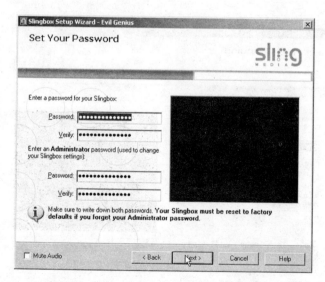

图 16.11 给你的 Slingbox 设置不同权限的密码

10. 如果你想要通过 Internet 共享你的 Slingbox，那么，在如图 16.12 所示的画面中，你需要选中 Check this box to watch your Slingbox outside of your home network（选中该复选框以便在家庭网络之外观看你的 Slingbox 视频）复选框，这样其他人才能通过 Internet 观看你的 Slingbox 视频。

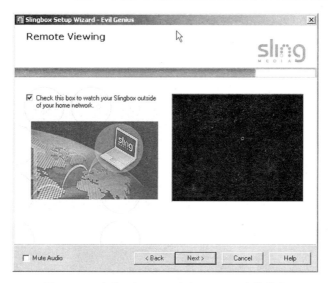

图 16.12　允许 Slingbox 通过 Internet 连接共享

11. 虽然你的 Slingbox 可以自动进行网络配置,但是,如果你想清楚地了解网络配置细节,则可以选择 Manual（advanced）这样的高级手动设置选项,如图 16.13 所示。在接下来的画面中,你将可以看到网络地址设置,如图 16.14 所示。在默认情况下,Slingbox 会使用以 237 结尾的网络地址。例如,192.168.1.237。至于为什么是 237,你问我？嗯……也许 Slingbox 总部的门牌号码就是 237 吧,哈哈,跟你开玩笑的,其实这个东西不需要知道为什么,你只需要知道该 IP 地址是为你的家庭防火墙/路由器配置的就行了。

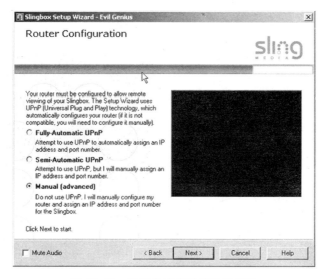

图 16.13　选择自动或手动设置网络

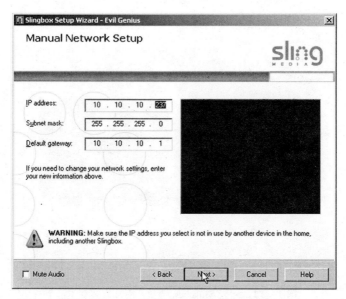

图 16.14　手动设置 Slingbox 的 TCP/IP 参数

12. 当你选择共享 Slingbox 时，它假设你要使用的 IP 端口号是 5001，如图 16.15 所示，你可以任意改变它，不过，新改变的端口不能被网络上其他的设备所占用。同样的道理，该端口是为你的家庭防火墙/路由器配置的。

13. 网络配置完成之后，设置程序将会显示一个汇总信息，如图 16.16 所示。

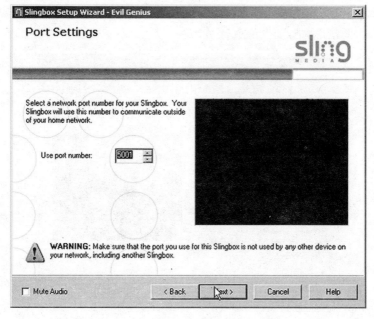

图 16.15　指定 SlingPlayer 访问 Slingbox 的 IP 端口

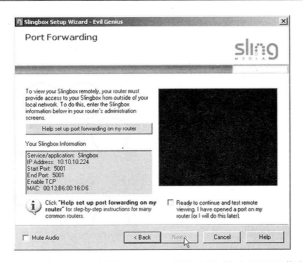

图 16.16　通过 Internet 访问 Slingbox 的防火墙/路由器配置信息汇总

14. 程序的最后一个设置步骤是显示你的 Slingbox 的 Finder ID(搜索者 ID)，如图 16.17 所示，这是一串独一无二的"序列号"，你可以把这个序列号共享给其他人，这样他们就能通过该序列号查找到你的 Slingbox，然后远程欣赏你提供的视频。

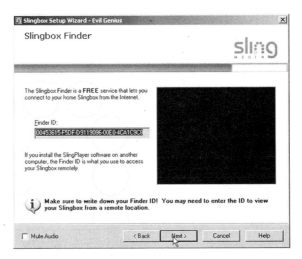

图 16.17　每个 Slingbox 都有一个独特的 Finder ID(搜索者 ID)

15. 在设置完成之后，你的 Slingbox 视频就可以在其他计算机上观看了。当然，要在其他计算机上欣赏 Slingbox 视频，也必须按上述步骤进行设置安装。每个 SlingPlayer 播放器用户都可以根据自己的需要改变视频源、切换频道和调整画面显示等。当然，你也可以选择 Slingbox＞Properties(属性)＞Slingbox Configuration (Slingbox 配置)，重新配置其他的视频源，如图 16.18 所示。

图 16.18　Slingbox 配置对话框可以访问和修改密码、音频/视频、网络和固件等设置

16. 如果你忘记了自己的 Slingbox 的设置细节，则可以选择 Slingbox＞Properties（属性）＞Information（信息），查看各项数据，如图 16.19 所示。

图 16.19　Slingbox 全部的配置信息汇总

当一切都配置完成,好了,现在你可以安心地坐在家中任何一台计算机前面欣赏自己喜欢的电视节目了,如图 16.20 所示。

图 16.20   使用 SlingPlayer 欣赏电视节目

■   来点儿新鲜的

由于 Slingbox 可以接受 3 种不同视频源的输入,并且可以遥控切换频道,所以 Slingbox 的观众完全可以在有线电视、家庭摄像头以及数码摄像机之间选择。这意味着,你可以对自己的家居生活进行网络直播,也可以收费播放自己的视频作品,还可以用安装了 SlingPlayer 软件的 PDA 和手机随时收看家中的有线电视……沿着这个思路拓展开去,我相信你能想到许多更新鲜、更有趣的应用方法!

■   小   结

购买 Slingbox 等于是给计算机添加了一个功能强大的外部设备,它可以极大地拓展计算机的应用。有了它,你可以尝试通过车载笔记本电脑来访问家庭摄像头,去试一试吧,也许你会有新的收获。

使用 Skype 打 IP 电话

到目前为止，我们已经探讨了与 Internet 相关的诸多应用，例如汽车导航、GPS 追踪、家庭视频共享等。在本章中，我们将向你介绍 voice-over-IP（VoIP）的技术，该技术和一般人所了解的 Internet 电话有所不同。现在有很多广告和市场营销媒介都在大肆宣扬，好像 VoIP 是刚刚诞生的新技术，而实际上，VoIP 已经应用很多年了，它是大多数本地和长途电话业务和卫星广播的骨干中枢。

若干年前，网络巨头 CISCO 和加拿大北方电讯公司（现改名为北电网络，Nortel Networks）为了相互合作而创建了 VoIP 电话系统。从那以后，许多业余无线电操作员就开始对 VoIP 和数字声音技术进行了各种各样的改进，从音频-数字调制解调器到无线电设备，再到计算机声卡接口，再到由软件建立的计算机和无线电双向连接，最后到通过 Internet"广播"信号。

最近又有两家著名的以 Internet 为基础的无线电互联网络——Internet Radio Linking Project（Internet 无线电连接系统，简写为 IRLP，其网址是 www. irlp. net）和 EchoLink（其网址为 www. echolink. org）——为此技术作出了贡献。他们两家都支持全球业余无线电台绕过无线电射频传播的模糊特征，在连接 Internet 的条件下，通过众多的计算机将无线电系统绑定在一起。现在，只要有两台计算机加上一点儿软件，全球无数的无线电操作员就都可以享受到由 Internet 连接起来的无线电畅谈。实际上，你还可以进行无线电数据的打包传输，通过无线电将个人消息或 APRS 位置数据发送到 Internet 服务器。哈，这可又是一个你需要获得业余无线电证书的理由！

当电信业巨头们不遗余力地在"传统"电话业务方面大捞其钱的时候，业余无线电组织正致力于发展 VoIP 的应用。一些即时通信软件（例如 QQ、MSN 等）也在它们的服务中添加了语音和视频聊天功能。另外还有一些网络公司（例如 Skype）也看准了这个机会，大力进军消费级的 VoIP 市场。而一些家用路由器的制造商（例如 LinkSys、D-Link 和 NetGear 等）也正在销售 VoIP 设备，试图在这个新兴的市场中捞一杯羹。

在中国市场，Skype 和 Tom 公司合作，推出了 Skype 中文版，只要你有一台计算机并且连接上了 Internet,就可以通过它免费与世界上的任何一个 Skype 用户通话。另外,Skype out 可以让你直接从 Skype 拨打电话到全球任何一部普通座机或者手机,而费用只有普通 IP 电话的十分之一。

■ 零部件清单

- 带声卡的计算机。
- 宽带 Internet 连接。
- 音箱和麦克风,或者头戴式耳麦也可以。
- Skype 软件和帐号。你可以访问 Skype 中文官方网站(http://skype.tom.com/)下载最新的 Skype 简体中文版。

■ 操作步骤

在本项目开始之前,你需要先下载最新的 Skype 软件版本,然后进行安装。Skype 软件不算大,只有 21MB 左右,如果你有宽带连接的话,2~3min 的时间就下载完毕了。并且其安装过程也非常简单,你只要按照屏幕操作就可以了。

如果你是首次安装 Skype,则在软件安装完毕之后,会出现对话框要求你创建一个帐号,如图 17.1、图 17.2 所示。

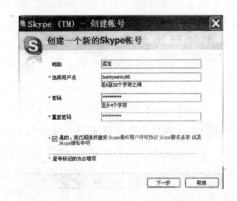

图 17.1　在创建 Skype 帐号时需要先输入昵称、用户名和密码等

图 17.2　在创建 Skype 帐号时还需要填写电子邮件地址,以便忘记密码时通过电子邮件找回

帐号创建完毕之后,即可登录 Skype。登录之后,Skype 将会显示"开始"画面,为你介绍 Skype 通话的基本操作。如图 17.3 所示。

和许多其他的即时通信软件一样,Skype 也允许你选择在线状态(忙、外出、脱机),添加联系人等。

Skype 用户和 Skype 用户之间的通话是完全免费的。如果要拨打普通电话(固话和手机),则需要购买 Skype 电话卡,虽然同样要付款,但是它的话费还是很便宜的。作为一种新的通信方式,它还不能完全取代原有的固定电话,但是随着技术的进步,采用这种 VoIP 电话服务的用户无疑将会越来越多(图 17.4)。

图 17.3   在完成 Skype 设置并登录之后，Skype 将在"开始"画面中提示你一些操作的技巧

图 17.4   Skype VoIP 登录界面

注意

> 由于 VoIP 不能拨打紧急电话，所以 Skype 这类采用 VoIP 内核技术的通话软件也不支持拨打紧急电话。如需拨打 110、119 等紧急电话，请用固定电话、手机或小灵通。

■ 小   结

像 VoIP 这样的技术和 Skype 这样的软件是对 Internet、个人计算机和通信自由的极大拓展，它们的存在丰富了我们的生活。就在若干年前，你能想象到会出现这样的进步吗？技术的更新真是日新月异，让人叹为观止。

安全摄像头

现在人们一谈起网络摄像头，就联想到了 QQ 或 MSN 的视频聊天，这一点都不奇怪，摄像头已经被人们当成了网络生活中的俏皮玩具，通过它，你可以看一看那个和你用文字"手谈"的家伙是不是真的很有型？会不会是传说中的人妖？看，他果然在甩动他的长发，并且故作优雅地喷吐着烟圈，恶……

事实上，如果你见得多了，那么网络摄像头带给你的兴奋劲儿和新鲜感无疑会大大降低，因为没有人能有耐心一直盯着屏幕看对方的表演。那么，为什么不能换个新的玩法呢？想不出来!？我真被你打败了，难道你就不能想着用它看护个小猫小狗什么的？或者，你也可以将它安装在墙头上，看一看是谁朝你们家的院子里面乱扔东西。如果你家里有贵重的金银细软，那么装上一个摄像头监控自然是最好不过的了，这可是标准的高科技！

当然，如果你只是装一个摄像头在那里，然后什么也不管，那么几乎起不到什么作用，重要的还是需要有软件配合，使它能捕捉到你所感兴趣的画面，或者在出现什么事情的时候能发消息通知你。

现在有很多和摄像头配合使用的软件，它们能帮助你很好地利用摄像头。例如，我最喜爱的一款软件就是 WebcamXP，其下载地址为 www.webcamxp.com。它提供了 21 天的试用期，让你能充分熟悉它的功能，并且其 Private(个人版本)的最终售价也还算公道。个人版本最多可以传送 10 个视频源，PRO(专业版)可以处理 50 个视频源，并且包含移动探测器和报警功能。如果你只是想通过摄像头观察花草的成长，那么个人版就足够了。如果你想要获得增强的报警功能，则必须购买专业版。

在项目开始之前，我必须提醒你，这个项目可能需要你作一定的投入：首先你要购买摄像头，它的报价基本上在 200～600 元(人民币)左右，软件的价格大概是 40 美元(个人版)或 80 美元(专业版)。如果你只是坑一坑的话，这笔开销看来没有太大的必要；但是如果你要拿它监控自己的金银细软的话，那么这点投资就是很划算的。

■ 零部件清单

图 18.1 罗技摄像头

- 摄像头——罗技 QuickCam 系列或类似产品。如图 18.1 所示。
- 计算机（PC 机或笔记本电脑）。
- Internet 连接。
- WebcamXP 软件。
- Web 主页或网络空间（用于上传摄像头共享画面）。

■ 操作步骤

1. 你首先要做的，当然是去购买一个摄像头，其次是下载和安装 WebcamXP 软件（请根据你自己的需要选择不同的版本，记住，Private 是个人版，PRO 是专业版）。该软件有诸多设置选项，如图 18.2 所示。

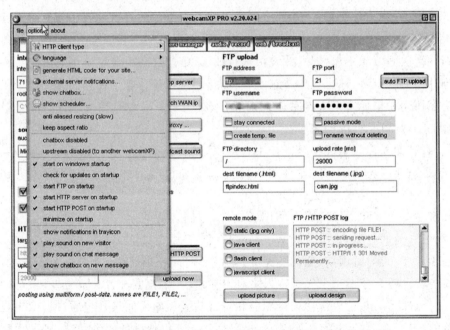

图 18.2 WebcamXP 的 Option（选项）菜单中包含一个长长的列表

WebcamXP 软件可以监视和捕捉摄像头的画面，并且在画面上添加时间日戳，如图 18.3 所示。

2. 设置你的个人 Web 站点或 Internet 主页空间，以便接受 WebcamXP 程序通过 FTP 方式传输文件。在设置时你需要提供用户帐号和密码，以确保你有上传权限。一旦测试和验证通过，则可以将登录参数填入 WebcamXP 配置页面的 Web/Broadcast（Web/广播）选项卡中，如图 18.4 所示。

图 18.3　WebcamXP 软件可以监视和捕捉摄像头的画面,并且在画面上添加时间日戳

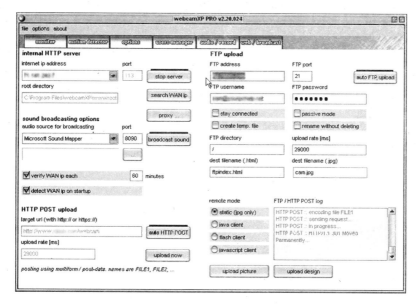

图 18.4　配置 WebcamXP 软件的 FTP 上传、Web 主页和 Web 服务器参数

WebcamXP 本身也提供 Web 服务器,这样你就可以在本地网络上访问图像和交互聊天。如果要使他人能通过 Internet 访问 WebcamXP 的 Web 服务器,则必须获得 ISP 的服务器连接许可。

3. 在 WebcamXP 的 Audio/Record(音频/录制)选项卡中,如图 18.5 所示,你可以看到许多录制选项。包括文件名、音频和视频编码格式等。

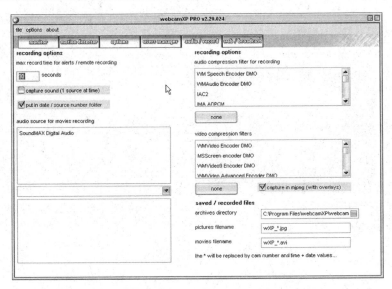

图 18.5　选择 WebcamXP 的音频和视频录制选项

4. WebcamXP 的安全功能包含一个视觉移动探测器，在 Motion/Detector（移动/探测器）选项卡中可以对此进行设置，如图 18.6 所示。当有足够的移动被探测到时，该功能将立即变成"报警系统"。该程序可以捕捉瞬间画面、录制活动视频，并且可以将"异常移动"的画面通过电子邮件发送给你。

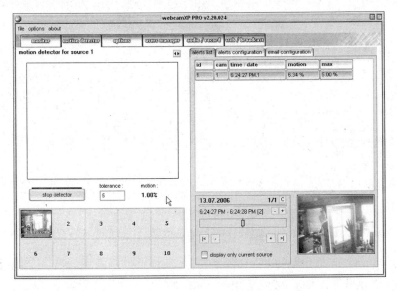

图 18.6　在 WebcamXP 中设置移动探测器选项

5. WebcamXP 可以将画面上传到你的主页上，这样你在任何地方都可以通过 Internet 访问该页面，检查你的摄像头，如图 18.7 所示。

6. 如果你是通过本地网络查看,则可以通过 WebcamXP 内置的 Web 服务器和摄像头视频源交互,并且可以看到动态的数据流图像,如图 18.8 所示。

图 18.7　WebcamXP 可以将画面上
传到个人网页并且定期更新

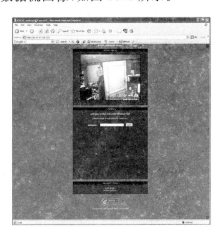

图 18.8　WebcamXP 服务器所
发布的动态数据流图像

■　小　　结

如果你的摄像头帮助你捕捉到一个"正当其时"的画面(例如,某个小偷正把不属于他的钱包据为己有),那么这幅图像可以说胜过千言万语。这个项目非常简单,可以说是"即插即用"型的。摄像头带给我们的娱乐因素较少,更多的则是在安全方面的价值。

为科学研究尽一点绵薄之力 19

  科学实验需要消耗大量的计算能力。一项很细微的研究数据往往都需要执行上百万次、数十亿次甚至数万亿次的计算。很多时候，一台甚至一组的超级计算机都不足以跟上包含无数需要海量计算的研究项目，更何况，超级计算机的数量总是有限的。所以，从这个方面来说，全球的计算资源非常紧缺。

  而在另外一方面，目前全球大约有 2 亿台个人计算机，如果算作一个整体的话，那么其计算能力和数百台超级计算机相当。可就是这样丰富的计算资源，却有大部分时间在闲置，它们多数时候也就"陪"人玩一玩扑克牌、"连连看"；写点文章，聊聊天；或者上一上网，听一听音乐，仅此而已。

  如果你愿意将 CPU 的时间共享一些出来，那么你和你的计算机将可以为人类的许多研究事业奉献出自己的力量。这些事业可能包括：艾滋病抗病毒血清和药品的研究、人际关系疏远理论的研究、大气环境对全球气候的影响预测，或者破解任意数目的数据加密代码等。你完全不必担心这样的共享会影响到你的工作，因为这些运算只是在你休息的时候进行。在 Distributed Computing Web 站点（其网址为 www.distributedcomputing.info）上可以看到很多列出的研究项目，它们都需要你的参与和奉献。

  共享计算机的 CPU 时间并不是什么新鲜事物。Microsoft Windows、Unix 和 Linux，再加上 Mac OS X，早就已经开始了"分布式计算"。这个所谓的"共享计算机的 CPU 时间"实际上就是"分布式计算"，每次你启动 Windows 操作系统时，计算机的 CPU 就已经开始分布式计算了，一部分处理操作系统的任务，另外一部分则响应应用程序的运行。同时运行多个应用程序对于现在的个人电脑来说，根本就不是什么难事，即使某些应用程序需要通过 Internet 共享数据也毫无妨碍。

  如果你打算在电子邮件程序、文本处理程序、电子报表软件、网络浏览客户端以及一个或多个科学实验项目之间共享 CPU 时间，那么你的计算机至少应该高于以下配置：主频为 1.2 GHz 或更快的 Intel Pentium Ⅲ 或同等计算能力的 AMD 处理器、最少 512 MB 的内存容量（能达到 1 GB 以上则更好）、ATA-100、ATA-133或 SATA 标准的硬盘。如果你只是想贡献出家中旧机器的 CPU 时间，但是硬件设备不达标，那也没关系，你可以根据科学实验的要求选择运行的项目。

每个科学实验项目都允许你对它所消耗的 CPU 时间、内存和硬盘空间总量进行限制，而且它必须在你允许的情况下才能处理数据和连接到 Internet 提交结果，或者在新的"同意协议"下继续工作。你的 Internet 连接可以是拨号网络、ISDN、DSL、有线宽带或代理服务器（当然需要获得许可）等，而且也不必一直在线。

这些在线计算的项目并不仅仅是像一只推磨的驴子那样，使用你的计算机在后台默默无闻地工作，枯燥而又无趣——实际上，你可以真正看到它的计算过程和你贡献的结果。例如，SETI@Home 项目在运行时提供了一个无线电光谱分析的可视化界面，如图 19.1 所示；Einstein@Home 项目则在运行时显示了一幅围绕地球的群星图，如图 19.2 所示；Folding@Home 的 DNA 和蛋白质排序项目提供了一个非常漂亮的蛋白质分子变化的直观画面，如图 19.3 所示；NetDIMES 项目则显示了各种数据在 Internet 上往来传输的繁忙景象，如图 19.4 所示。

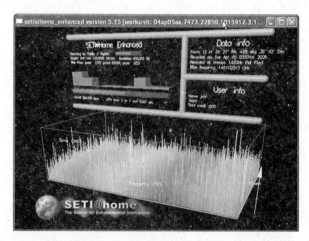

图 19.1　SETI 项目分析的是从外太空返回的无线电波中的模型

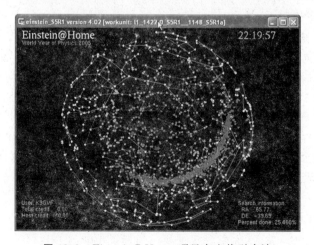

图 19.2　Einstein@Home 项目在查找引力波

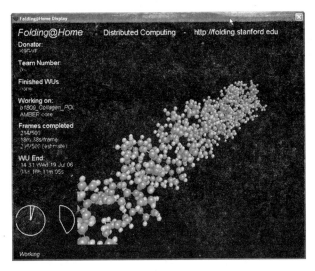

图 19.3 美国斯坦福大学的 Folding@Home 项目，研究的是常态和变态蛋白质聚合和折叠的过程

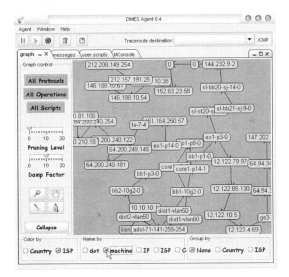

图 19.4 NetDIMES 项目的研究主题是分析数据路径

开始这些项目对你来说并不需要什么特殊的技巧或付出特别的努力。你不需要工具，也不需要零部件、连接线，更不必担心用电钻打孔会伤手指什么的，你要做的，只是去填写一份在线表格，然后下载一份或多份软件就可以了，数分钟之后，你就变成了一个"火箭专家"、"空气动力学专家"、"分了生物科学家"、"天文学家"或"密码破解专家"，什么？他们不相信？告诉他们，你正在用计算机运行着这些研究项目呢。

第一步，你需要选择一个或多个项目。可选择的项目是非常多的，从气候变化研究到社交网格；从加密算法到智能设计；从 Internet 动画艺术到国际象棋主脑。我想你应该能找到自己感兴趣的项目。

要查看详细的项目列表，请访问以下网址：http://www.distributedcomputing.info/projects.html。

Berkeley Open Infrastructure for Network Computing（伯克利开放式网络计算平台，简写为 BONIC）可以为你安排 13 个不同的贡献计算项目，并且在你的计算机上对这些项目进行管理。它本身是一款小软件，如图 19.5 所示。在 BOINC 管理程序中，你可以看到项目的进度，并且对每个项目进行配置。

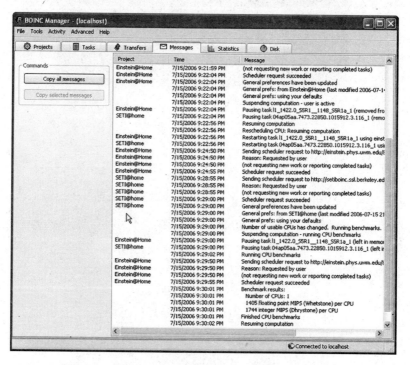

图 19.5 使用 BOINC 管理程序可以管理多个研究项目

有关分享 CPU 时间进行科学研究项目的更多信息，请访问以下 Web 站点。

◆ http://BOINC.berkeley.edu，该站点管理以下科学实验：

- BBC 气候变化实验
- Climateprediction.net（气象预测项目）
- Einstein@home（根据阿尔伯特·爱因斯坦的理论，查找引力波的项目）
- Tanpaku（蛋白质结构预测方面的项目）
- Similarity Matrix of Proteins（蛋白质相似矩阵项目，简写为 SIMAP）
- World Community Grid（世界公共网格）
- LHC@home（高能粒子加速器项目）

- Predictor@home(一个通过研究蛋白质序列来预测蛋白质结构的计算项目)
- Quantum Monte Carlo at Home(量子模拟计算项目)
- Seasonal Attribution Project(研究人类的工业活动对气候的影响的项目)
- SETI@home(搜索地外文明的项目)
- Rosetta@home(预测和设计蛋白质结构及聚合物的项目)
- SZTAKI Desktop Grid(找出所有直到 11 维的广义二进制数系的项目)

◆ http：//Folding. stanford. edu

◆ http：//www. netdimes. org

◆ http：//distributedcomputing. info

毫不掩饰地说,本章这个项目就是为了给你的个人电脑找一些有意义的事情做。对于你那功能强大的计算机来说,无谓的聊天、陪着你上网闲逛真是太屈才了,如果能在这之外干一点对人类的科学研究有益的事情,岂不是更好？从这个角度上说,如果你真能参与到分布式计算项目中来,那么,你无疑对自己的计算机实现了更高精神境界上的个人电脑改造。

参与分布式计算项目并不会对你的工作产生影响,你只要在自己睡觉休息、外出或看电视的时候开着计算机就可以了。也许你会浪费一点电费,但是却能节约科研人员大量的研究时间。在中国,也有越来越多的人加入到分布式计算志愿者的行列中来,并且建立了中国分布式计算论坛,其网址是:http://www. equn. com/forum/,欢迎登录访问以了解更多信息。

与世界同步

　　时间就是生命,精确就是智慧。你注意过吗? 个人电脑上的时钟可能会出现一些时间上的误差,其快慢幅度最大可以达到 2~3min。这个问题可大可小,你也许从来没有关心过,但是,如果你是一个对时间要求严格的人,并且又喜欢以计算机上的时间来定时,这个问题就很严重了。例如,你可能会因此耽误约会的时间、不能及时参加董事会议、计划数字录像的时间不对,错过了关键瞬间、想在最后时刻进场抄底却发现股市已经下班停止交易……虽然只是几分钟的差异,但是结果却可能让你哭笑不得。

　　第一代 IBM PC 并没有独立的、自运行的实时时钟电路,每次计算机开始启动的时候,你都需要手动输入日期和时间。自从 IBM-PC/AT 计算机出现之后,个人电脑才有了时间记忆功能。该功能需要两个部件:一个是能够持续运行的实时时钟电路,该电路由钮扣电池或蓄电池供电,独立于个人电脑供电系统之外,不受个人电脑开关电源的影响。当个人电脑启动时,操作系统即可通过该电路获得基础时间。另外一个部件则是操作系统中的时钟软件。在计算机启动时,操作系统会向系统主板的 BIOS 或直接向实时时钟电路提出请求,询问当前时间。一旦操作系统的时钟启动完毕,它就会作为一款软件自动运行,脱离物理时钟电路。如果你在操作系统中改变了时间,则时钟软件也将重新设置物理时钟电路中的时间,这样你就不必每次都进入 BIOS 设置修改时间。

　　个人电脑中的实时电路非常便宜,实际上,它和你在快餐店吃饭时获赠的电子手表没什么两样,都有可能不太准确。如果以年为单位计算的话,它每年可能会加快或减慢数分钟。从时间长度上来说,几分钟的时间实在是算不了什么,不过,如果你刚好在计算机上定时录制数字电视节目,那么这 2~3min 的时差就可能会让你错过好戏。操作系统中的时间记忆软件在精确性上和实时时钟是一样的,它可能会增加(或减少)计时电路中的时间差,使得你的系统时间更加不准确。

　　你可以尝试着提高个人电脑时间的准确性,方法是直接手工修改时间(标准时间从哪里获得? 听收音机报时或拨打当地电话公司的报时电话都可以)。不过这种方法本身也算不上特别精确,因为当你在修改时间的时候,时间又从你的手心溜走了。要想获得更加精确的时间，还得靠 Windows 操作系统提供更好的工具。

为了在全球范围内提供更加精确的时间标准，Network Time Protocol（网络时间协议，简写为 NTP）应运而生。NTP 是一种使网络上的计算机时钟与时间源保持精确同步的网际协议。它可以将本地时钟与标准时钟的误差保持在 1ms 以内。NTP 提供了一种同步时间机制，能在庞大而复杂多样的 Internet 中用光速调整时间分配。它使用的是可返回时间设计，分布式子网内的时间服务器，能自我组织操作、分层管理配置，经过有线或无线方式同步子网内的逻辑时钟达到国家标准时间。此外，通过本地路由选择运算法则及时间后台程序，服务器可以重新分配标准时间。

NTP 的设计带来了三种产品——时钟偏移、时间延迟以及差量，它们都与指定参考时钟相关联。时钟偏移表示调整本地时钟与参考时钟相一致而产生的偏差数；时间延迟表示在指定时间内发送消息到达参考时钟的延时时间；差量表示了（相对于参考时钟）本地时钟的最大偏差错误。因为大多数主机时间服务器是通过其它对等时间服务器而达到同步的，所以这三种产品中的每一种都有两个组成部分：其一是由对等决定的部分，这部分是相对于原始标准时间的参考来源而言；其二是由主机衡量的部分，这部分是相对于对等而言。每一部分在协议中都是独立维持的，从而可以使错误控制和子网本身的管理操作变得容易。它们不仅提供了偏移和延迟的精密测量，而且提供了明确的最大错误范围，这样用户不但可以决定时间，而且可以决定时间的准确度。

NTP 源于时间协议和 ICMP 时间标志消息，但其设计更强调精确度和稳定性两个方面。当前使用的最新版是 NTPv3，它与以前的版本兼容。

NTP 所使用的时间源非常精确，它的本地原子时钟每台价值 20 000 美元，甚至有的使用 NIST Internet 服务。NIST 指的是 National Institute of Standards and Technology（美国国家标准与技术研究院），该研究院所使用的主控时钟被称为

NIST-F1，如图 20.1 所示，它是精确性非常-非常-非常高的铯原子钟。究竟有多高呢？在 2005 年的一项测试结果表明，NIST-F1 每天仅误差 5×10^{-16} s，如图 20.2 所示，也就是说，这意味着它大约 6000 万年才会相差 1s！现在，Microsoft 的所有操作系统都能通过内置的 Windows Time Service（时间服务）连接到 Internet 上的 NTP 服务器，以便同步本地计算机上的时间。在默认情况下，该程序会选择 time. microsoft. com 服务器作为同步时间源。

图 20.1　美国国家标准与技术研究院所使用的最新铯原子钟——NIST-F1

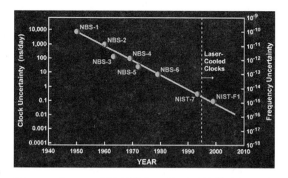

图 20.2　NIST 所使用的新旧铯原子钟精确性图表

■ 在 Windows XP 操作系统中配置时间服务

1. 双击 Windows 操作系统任务栏右下角的时钟。

2. 在出现的"日期和时间属性"对话框中,选择"Internet 时间"选项卡,如图 20.3 所示。提示:如果该选项卡未出现,则表示 Windows Time 服务没有运行,你需要在系统的"组件服务"控制面板中重新启用该服务。

3. 选中"自动与 Internet 时间服务器同步"复选框。

4. 从"服务器"下拉菜单中选择一个服务器。如果你知道某个时间服务器的地址,也可以自行输入。

5. 单击"立即更新"按钮即可完成最新时间同步。

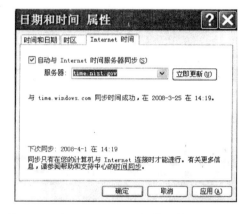

图 20.3　在 Windows XP 操作系统的"Internet 时间"选项卡中同步时间

如果你的网络时间更新正常,那么你的时钟将每周同步一次(需要连接到 Internet)。如果无法正常更新,那么请检查防火墙设置,确认允许 NTP UDP 数据在端口 123 上通过,或者尝试连接到其他服务器。如果你和我一样对于时间的精确性有那么一点"偏执狂"的味道,那么不妨使用 NIST 自身的服务器,而不要使用 Windows 操作系统默认的 time. microsoft. com NTP 服务器。NIST 服务器在全美有许多,你可以从中选择一个。现列出如下:

- Time a. nist. gov　—NIST,马里兰州,盖瑟斯堡市——129. 6. 15. 28
- Time b. nist. gov　　NIST,马里兰州,盖瑟斯堡市——129. 6. 15. 29
- Time-a. timefreq. bldrdoc. gov——NIST,科罗拉多州,玻尔得市——132. 163. 4. 101
- Time-b. timefreq. bldrdoc. gov——NIST,科罗拉多州,玻尔得市——132. 163. 4. 102
- Time-c. timefreq. bldrdoc. gov——NIST,科罗拉多州,玻尔得市——132. 163. 4. 103

- Utcmist. colorado. edu——科罗拉多大学,玻尔得市——128. 138. 140. 44
- Time. nist. gov——NCAR,科罗拉多州,玻尔得市——192. 43. 244. 18
- Time-nw. nist. gov——微软公司,华盛顿州,雷蒙德市——131. 107. 1. 10
- Nist1. datum. com——Datum,加利福尼亚州,圣何塞市——66. 243. 43. 21
- Nist1. dc. glassey. com——Abovenet,维吉尼亚州——216. 200. 93. 8
- Nist. ny. glassey. com——Abovenet,纽约市——208. 184. 49. 9
- Nist1. sj. glassey. com——Abovenet,加利福尼亚州,圣何塞市——207. 126. 103. 204
- Nist1. aol-ca. truetime. com——TrueTime,AOL,加利福尼亚州,桑尼维尔市——207. 200. 81. 113
- Nist. aol-va. truetime. com——TrueTime,AOL,维吉尼亚州——205. 188. 185. 33

■ 在 Windows XP 操作系统中启用或禁用 Windows Time 服务

如果你需要使用 Windows XP 操作系统中内置的 NTP 时间设置服务,则必须将 Windows Time 服务设置为"自动"类型,并且该服务已经启动。如果你希望计算机从其他应用程序获取时间,则必须重新配置 Windows Time 服务,使它不再运行。要改变 Windows Time 服务的设置,请按以下步骤操作:

1. 使用鼠标右键单击桌面上"我的电脑"图标,在出现的关联菜单中选择"管理"。

2. 双击打开左边窗格中的"服务和应用程序"列表,然后选择"服务",如图 20.4 所示。

图 20.4 通过 Windows 服务控制面板可以启用或禁用内置的 WindowsTime 服务

3. 在右面的窗格中滚动服务列表,找到并双击 Windows Time 服务,打开"Windows Time 的属性"对话框,如图 20.5 所示。在"启动类型"下拉菜单中包含 3 个选项:"自动"(开机时自动启用该服务)、"手动"(需要手动启用)和"已禁用"

（禁止启用该服务）。在"服务状态"中可以单击"启动"、"停止"、"暂停"和"恢复"等。你可以根据自己的需要进行选择。选择完成之后单击"确定"按钮关闭对话框。最后关闭"计算机管理"窗口。

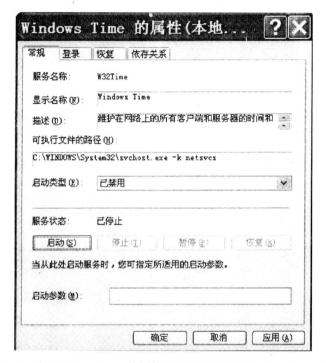

图 20.5　在"WindowsTime 的属性"对话框中禁用 WindowsTime 服务

■ 用自己的时间服务器改进 PC 时间的精确性

默认情况下，Windows XP 操作系统的时间更新服务都指向 time. microsoft. com 时间服务器，并且每周校对一次。对于普通用户来说，这可能不是什么问题，但是对于那些需要刻意保持多台个人电脑的时间精确性的用户来说，这确实有些不够，网络效率也比较低。如果你恰好就是这样的用户，则可以考虑使用自己的时间服务器，以维护工作站和服务器之间的时间精确性和一致性。

当你的计算机系统需要处理大量数据库、金融交易或其他需要在 A 点和 B 点保持时间同步的业务时，时间的精确性和同步问题就显得愈发重要。

对于拥有多台计算机的网络系统来说，处理时间同步问题的最佳方法是：使用某个系统从标准时间服务器（例如 NIST）获得一个精确时间，然后将该校准时间点共享给 LAN（局域网）上的所有其他计算机系统。目前有许多软件都可以帮你做到这一点，而我个人最喜欢并且使用多年的此类软件则是 Tardis（其官方网址为 http：// www. kaska. demon. co. uk/）。Tardis 主程序可以获取和共享时间数据，并且它还自带一个匹配的 NTP 客户端，名字叫"K9"，就和 Windows Time 服务一样,可以在后台工作,获取 NTP 时间并且在本地网络上广播。

我们在"stuff"服务器上安装了 Tardis(包括 NTP 客户端和服务器),然后让它给本地网络上的所有客户端提供时间。这样做可以使网络上多台个人电脑之间 Windows Event Logs(Windows 事件日志)或其他交易事项的时间保持一致。如果在多台个人电脑和服务器之间出现了某些问题,那么通过查看同一时间发送的错误日志,就可以很轻松地找到问题的根源,并加以解决。在除网络服务器之外的所有局域网客户机上,我们都运行了 Tardis 的伴生程序——K9,通过它接收 Tardis 服务器上的 NTP 时间消息。

为了使 Tardis 或其他时间同步软件能正常工作,你必须禁用 Windows Time 服务(具体操作步骤请参考本章上一节的内容),或者在 Tardis 软件安装过程中,允许它为你禁用 Windows Time 服务,如图 20.6 所示。

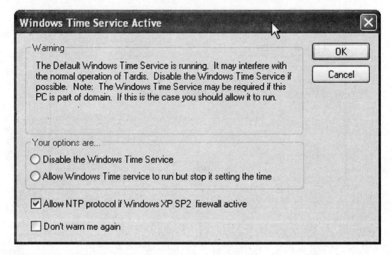

图 20.6 Tardis 在安装时发现了 WindowsTime 服务正在运行,并且提示你禁用它

作为一款方便易用的软件,Tardis 已经自动配置使用了 3 个 NTP 服务器,如图 20.7 所示。这些服务器由 NTP.ORG 运行,而 NTP.ORG 则是一个专门为计算环境处理时间数据和协议的技术组织。在列出的任意一个服务器上单击鼠标右键,可以将它们上下移动位置,这样你就可以始终以最喜欢的服务器启动。单击 Add(添加)按钮可以给程序添加新的时间服务器。如图 20.8 所示。

在 General(常规)设置选项卡中,如图 20.9 所示,提供了程序的运行方式选项。包括:Notify other applications when the time is set(在设置时间之后通知其他应用程序)、Automatically change servers on failure(如果更新时间失败则自动更换服务器)、Automatically change servers on success(成功更新时间之后自动更换服务器)和 Always start at the top of the server list(总是启用服务器列表中的第一个服务器)。

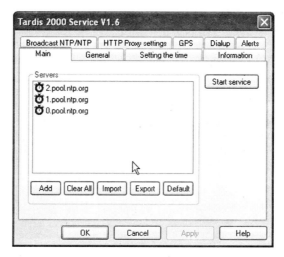

图 20.7 Tardis 自动添加了 3 个 NTP 服务器，以便为你的个人电脑提供准确的时间

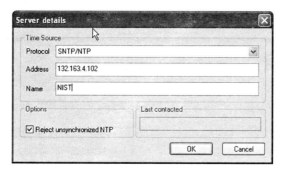

图 20.8 给 Tardis 添加服务器非常简单

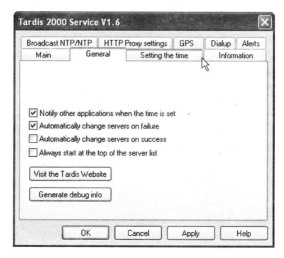

图 20.9 配置 Tardis 时间服务器程序的运行方式

在 Setting the time(设置时间)选项卡中，如图 20.10 所示，提供了许多重要的配置项目，以便为你的整个局域网提供可靠的时间服务。包括：调整操作系统的时钟程序以提高时间的精确性、调整设置时间的频率（默认为每 2 个小时设置一次）等。单击 Set Time zone 按钮可以设置时区，选中 Adjust automatically 复选框可以自动调整，选中 Adjust clock frequency 复选框则可以调整时钟频率。

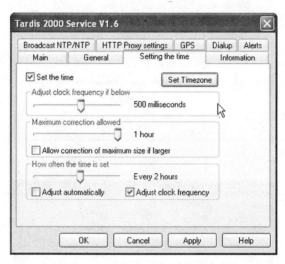

图 20.10 Tardis 提供了多个调节选项，这些选项将影响到计算机时间的精确性

在 Information(信息)选项卡中，如图 20.11 所示，Tardis 可以显示当前个人电脑时钟的误差量，并且可以进行校准。例如，在本项目示例中，Estimate of clock drift(估计的时钟误差)为 −2.009s/天，也就是说，一天慢 2s 多一点儿。

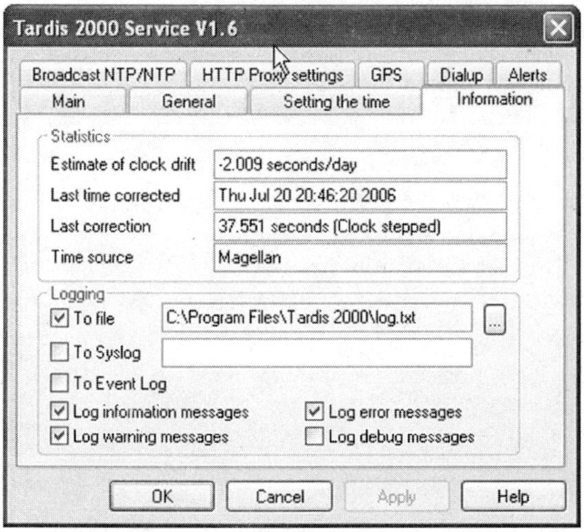

图 20.11 Tardis 提供了非常实用的个人电脑时钟精确性方面的分析信息

选择 Broadcast NTP/NTP(广播 NTP/NTP)选项卡,如图 20.12 所示。在默认情况下,Tardis 程序不会广播 NTP 消息。要让它变成你的局域网时间服务器,必须选中 Enable NTP broadcasts(启用 NTP 数据广播)复选框。Broadcast frequency(secs)则是广播的频率设置,以 s 为单位。

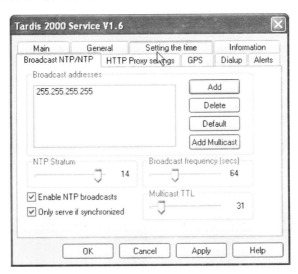

图 20.12 将 Tardis 设置为本地局域网时间服务器

在设置完成上述选项之后,最终你将回到 Main(主要)选项卡(图 20.7),单击 Start service(启动服务)按钮,上述设置将立即生效。

Tardis 并不是唯一的单个个人电脑时间校准程序。在我们的办公室中,由于需要面对全球用户,而各地的时区不同,所以我们使用了一款名为 ZoneTick 的软件,取代了 Windows 任务栏中的时钟。该软件可以提供全球任何地方的时间。虽然它不能作为时间同步服务器,但是它本身却可以使用 NTP 广播,及时校准你的桌面时钟。

■　**通过 GPS 接收器获取时间**

Tardis 除了可以通过 Internet 连接 NTP 校准本地时钟、用作时间同步的服务器之外,还支持通过 GPS 接收器获取时间。如果你需要保持时间的同步但是你的 Internet 连接偏巧又发生了故障,那么,此时的 GPS 时间数据源就变成了可以"救命"的优点。

要将 Tardis 软件的时间来源由 NTP 服务器改为 GPS 设备,请选择 Main(主要)选项卡(图 20.7),单击 Add(添加)按钮,打开 Server Details(服务器详情)对话框,如图 20.13 所示,在 Protocol(协议)下拉菜单中选择你将要使用的 GPS 源的类型。常见的是 NMEA GPS device connected to serial port(连接到串口的 NMEA GPS 设备),然后你必须选择 GPS 设备所连接的串口/COM 端口。

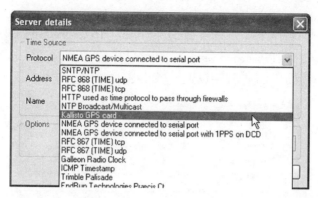

图 20.13 选择 GPS 接收器作为 Tardis 校准时间的来源

在将 GPS 设备配置为时间来源之后,你必须指定 GPS 设备的 Speed(通信速度),如图 20.14 所示。另外,你还需要添加特殊的命令,以便 Wakeup(唤醒)GPS 设备发送数据。

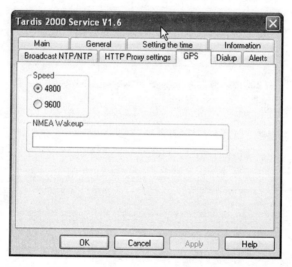

图 20.14 为 Tardis 配置 COM 端口速度以便接收 GPS 数据

要想让 Tardis 获得准确的时间,你的 GPS 接收器位置必须直接对准天空,能接收到多个 GPS 卫星的信号。否则,信号中断或者断断续续都将严重影响到时间设置的精确性。

■ 小 结

时间是一个有魔力的东西。有时候我们希望它走得越快越好,而有时候我们又希望它放慢脚步,甚至停留在自己的手心。不过遗憾的是,无论我们的愿望如何,时间总是如流水一去不返,而在我们的客户机和服务器之间,只能有同一个标准,那就是:精确。

维护计算机安全 **21**

对于今天的开放互联网而言,个人防火墙、病毒防护和木马监测程序都已经成了必备工具,否则说不定哪一天你就会"中标"。即便如此,你仍然应该从各个方面做好安全防范工作。例如,系统登录帐号最好能使用晦涩难懂或完全没有意义的词汇,想要用 Bill、John、Jessie 这样的名字做用户名? 那你一定要三思而行!

要想维护计算机信息安全,有些规则和策略我们必须遵守,例如,在输入密码时最好能使用 16 个字符,并且不能是有意义的单词,字母应该混合大小写,再夹杂一些数字。更关键的是,每月需要更换一次。不过话又说回来,这么复杂的规则还真是让人头疼,光是频频更换和记忆密码就可能搞得人苦不堪言。我们使用计算机是来寻找快乐的,不是要找罪受。试想一想,我们有多少密码需要记忆——银行账号、电子邮件、证券交易以及各种会员站点——所有这些密码我们都需要小心保管,因为无论是网上还是网下都可能有无数双眼睛在盯着你,哈,这么一说,你心里发毛了吧?

在我们的计算机使用过程中,同样可能会有麻烦。例如,有人想要在系统里面安装那些来路不明或可能造成潜在损害的软件,还有人想通过移动硬盘、CD-ROM、DVD 刻录机或 USB 记忆棒复制文件(无论是拷贝进来还是拷贝出去,都一样能让你心惊胆战)。

当然,所谓"魔高一尺,道高一丈",为了保护我们的个人电脑、网络、在线帐号和外部设备不被人窃取和滥用,技术专家们也提供了许多方法。其中一项就是以生物遗传特征为基础的指纹识别技术。采用指纹识别技术的设备不但价格相对低廉,而且十分可靠,完全可以保障你的密码和帐号的安全。另外,它还可以通过软件的方法锁定计算机上的输入/输出端口,这样就可以防止他人接插设备侵入你的系统把文件拷走。

在本章中,我们将向你介绍两个项目,一个项目可阻止他人侵入你的计算机系统(从外入内),另外一个项目则可以防止你的文件被他人拷走(从内到外)。由于笔记本电脑的应用已经越来越广泛,很多人都随身携带——例如在旅途中工作或消遣时、在咖啡馆里面放松时——殊不知周围很可能就有人对你的电脑暴射出贪婪的眼神。现在,偷盗笔记本电脑的事情时有发生,如果仅仅是损失 4000~20 000 元钱(目前笔记本电脑大致的价格)倒还罢了,问题是其中存储的有些个人信息或资料如果泄露出去的话,将可能会给你的生活造成偌大的麻烦或某些无法预估的后果。还在犹豫什么? 赶快行动吧,如果你的计算机中包含了极其珍贵的数据或秘密资料,那么你一定要采取切实的措施降低风险,技术性的东西来不得半点侥幸,否则,等到"亡羊"时才想起来"补牢",必然悔之晚矣。

■ 使用指纹识别技术

俗话说:"篱笆扎得牢,野狗进不来。"要防止他人窃取你的计算机资料,最好的方法就是让他们压根儿就进不了操作系统。如果你不得已需要和他人共用电脑,则必须善用 Windows XP 操作系统自带的帐号管理功能(它可以区分和控制用户帐号以及个人数据),在设置密码时,要做到足够复杂。究竟怎么体现出"复杂"呢? 这么说吧,首先,键盘上有 26 个字母键,考虑到它们的大小写变化,则变成了 52 个,再加上 10 个数字键,一共是 62 个,另外还有 32 个标点符号,这样,你在输入密码时的可选按键总共就达到 94 个。这 94 个按键你组合得越多,那么你的密码就越安全。绝大多数的 Internet 服务提供商(ISP)和公司都会要求你的密码符合以下复杂性要求:

• 至少 6 个字符长。

• 密码不能太简单或包含常见用词(例如 love、sun、bird)以及常用人名(例如 Sally、Steve、Jack 等)。

• 非重复字符或数字。像 111111 或 aaaaaa,甚至 1234567890 或 abcdef 这样的,都属于典型的"弱密码"。安全性很低。

为了提高密码的安全性,你的 ISP 或公司或许会要求你遵循以下更多的复杂性规则:

• 必须包含至少一个标点符号。

• 不允许在密码中包含登录用户名/ID。

• 至少 8 个字符长。

• 必须包含大小写混合的字母。

• 必须每隔 30、60、90 或 120 天更换一次密码。

• 本次密码不能包含上一次密码的组合。

• 使用密码短语而不是密码词汇。例如 Mary had a little lamb 就比 Marylamb 要安全得多。

有经验的密码管理员们喜欢使用标点符号替换字符。例如,将 MyCatHasFleas 这样的密码拼写成 MyC@tHa$Flea$,显然,后者的安全性比前者要高得多。

你可能会认为我们在小题大做,因为在 94 个按键中随机挑选使用 8 次(注意,是 8 次而不是 8 个,aaaaaaaa 只用了 1 个按键,但是用了 8 次)就已经很安全了,毕竟它的组合可能性多达 6 000 000 000 000 000 种,计算机的运算速度再快,在这么多种组合前面也无能为力吧? 其实不然,因为你常常会不自觉地使用自己的姓名、生日、地址或其他人们常用的字母/数字组合作为密码,而这些都是计算机会首先尝试破解的。也许你是为了容易记忆或者不愿意费力去想那么复杂的组合密码,但是这样的密码却严重降低了其安全性。

有些东西对于我们每个人来说都是独一无二的——例如,声音、脸形、眼睛虹膜、手脚指纹、DNA 以及其他的一些生活细节等(打个比方说,有人迈步上楼,你虽然还没看见他,却知道他是谁,这就是因为你熟悉了他独特的步伐节奏以及前后脚落点轻重等特性;隔壁有人说话,你不看也能听出他是谁,这是因为你熟悉了他的语音、语调、语速或习惯用词等特性)。在这些特征中,指纹是最常见的用于鉴定个体唯一性的工具。例如,个人签合同,要摁手印;填写个人资料表格,要摁手印;到警察局做笔录,更是要摁手印……

如果你现在去逛一趟笔记本电脑专卖店(特别要去联想 IBM、戴尔和惠普等品牌商店),或者沿着键盘和鼠标设备走一圈,你就会发现,你又多了一个使用自己手指的机会,不过这次不是输入密码,而是你的手指本身就可以变成密码!

由于使用指纹就可以直接进入操作系统,并且可以快速登录电子邮件或即时通信帐号(QQ、MSN 等),所以采用指纹识别技术的设备还是很有吸引力的。如果你有过忘记密码的痛苦经历,那么你就会更加赞成我的说法了。想一想,当别人还在为回忆密码而绞尽脑汁的时候,你却只要用你那纤纤小手指(也不排除萝卜粗的大指头,呵呵)在指纹识别器上随意地滑过或者轻按一下;系统之门立即为你敞开,而且这样的权利只属于你一个人,那是什么感觉? 爽! 对于父母来说,使用指纹识别技术的好处也是显而易见的,它可以阻止淘气的孩子打开电脑,或者绕过父母的眼睛去访问那些对他们来说不合适的网站。在工作场合,使用指纹识别技术可以使你免于记忆那些难以想起来的复杂密码——你只要把指纹识别设备藏起来就可以了。什么? 你忘记把它藏在哪里了? 我被你彻底打败了!

Microsoft、Targus(泰格斯)、Fellows、DigitalPersona 和 APC 等公司都在为个人电脑生产指纹识别器,并且捆绑有安全软件销售。我在留意这些产品的时候,喜欢对它们进行一些比较——我发现现货供应的安全产品有两种明显不同的等级:一种只是简单地取代电子邮件和会员站点上的用户名(ID)和密码输入,另外一种则显然要更高级一些,它可以强制计算机只响应正确的指纹登录。例如,Microsoft 指纹识别器就属于这种安全级别较低的产品,它使用简化版的 DigitalPersona 软件,其实用功能是当 Windows 操作系统运行之后,可以替代填写表格,登录会员站点。

联想 IBM 和 Dell 笔记本电脑也具有指纹识别设备,其配套软件的功能要丰富得多,它可以控制计算机启动、Windows 操作系统的登录以及其他和系统安全相关的功能。这些具有指纹识别功能的笔记本电脑,搭配其内置的密码管理软件,可以保护重要的安全数据(例如密钥、电子认证和口令等)免受侵害,使你感觉更加安全。

APC 的 Biopod 指纹识别器附带的是一款老版本的、功能比较少的 Softex 公司的 OmniPass 软件。实际上,Softex 公司还有更新版本的 OmniPass 软件(当然也更贵)。DigitalPersona 公司的 U. are. U 指纹识别器(图 21.1)及其软件是我比较欣赏的产品,它们大概是消费市场中功能最全面的了,可以控制对 Windows 操作系统的访问,只要你愿意,完全可以替换使用登录用户名和密码。

和大多数 USB 接口的外部设备一样,你也需要先安装软件,然后连接硬件。因为 DigitalPersona 需要在 Windows 登录过程之前就起作用,所以,在使用设备之前,你需要先重新启动计算机。

在重新启动计算机之后,你就可以开始注册指纹了,如图 21.2 所示,它可以将你的指纹和 Windows 登录帐号关联起来,然后关联 Web 站点或其他需要登录的软件。

图 21.1　DigitalPersona 公司的 U. are. U
指纹识别器

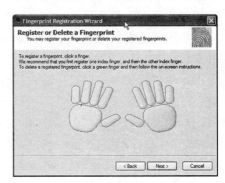

图 21.2　在安装软件并重新启动 Windows
之后,DigitalPersona 提示你注册指纹

选择一个手指,然后开始记录,如图 21.3 所示,然后单击 Next(下一步)按钮,转到指纹扫描过程,如图 21.4 所示。

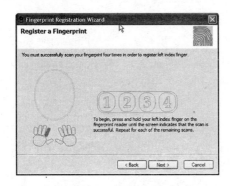

图 21.3　指纹注册程序提示你记录指纹(需
要轻按 4 次,以便获得良好的指纹采样)

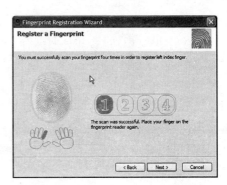

图 21.4　DigitalPersona 成功采样指纹一
次(需要 4 次才能记录有效指纹)

当你的指纹被扫描并记录之后,你可以继续选择其他手指进行采样,如图21.5所示,这是为了防止第一个指纹失效而采取的备用指纹。

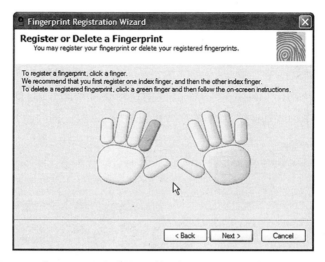

图 21.5　你可以记录多个指纹,使它们和 Windows 身份识别相关联

一旦指纹注册完成,你的指纹识别器就可以开始使用了,如图 21.6 所示。如果愿意的话,你也可以在以后记录更多的指纹。

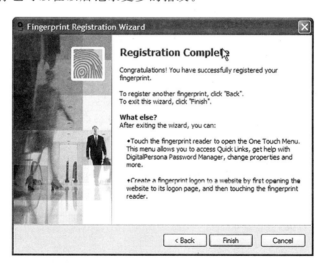

图 21.6　在指纹注册完毕之后,系统就可以使用了

注册指纹之后,你就可以使用 DigitalPersona 程序中必须要靠指纹才能启动的服务了。要配置程序的选项,可以使用鼠标右键单击工具托盘图标,然后选择"属性",打开 DigitalPersona Pro Workstation Properties(DigitalPersona Pro 工作站属性)对话框,如图 21.7 所示。我们发现在使用指纹识别器时,视觉和声音反馈

都很有帮助,所以请确认选中 Enable Visual Feedback(启用视觉反馈)和 Enable Sound Feedback(启用声音反馈)复选框。如果你双击工具托盘图标,操作系统被锁定(就像你同时按下了 Windows 徽标键＋L 组合键一样),那么你需要再次提供密码或指纹才能解开计算机的锁定状态。

　　要建立以指纹为基础的 Web 站点登录控制程序,你只需要将手指放在指纹识别器上,然后选择 Create Fingerprint Logon(创建指纹登录方式)命令,如图 21.8 所示,在出现的 Create Fingerprint Logon(创建指纹登录方式)对话框中,输入登录标题,如图 21.9 所示,继而确认关联指纹和当前 Web 站点的登录用户名(ID)和密码,如图 21.10 所示。

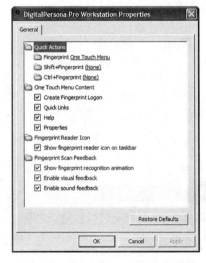

图 21.7　DigitalPersona 属性设置

图 21.8　通过 Create Fingerprint Logon(创建指纹登录方式)命令将你的指纹和站点登录帐号以及密码关联起来

图 21.9　DigitalPersona 需要确认你所选择的登录页面

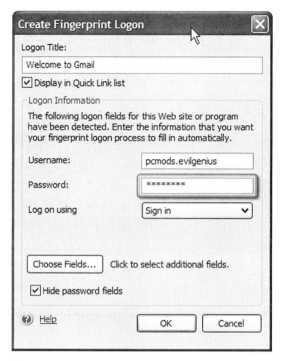

图 21.10 使用 DigitalPersona 配置站点指纹登录的用户名和密码等信息

　　在使用指纹关联登录信息之后，你只需要轻触指纹识别器就可以访问选定的 Web 站点了。当 DigitalPersona 软件识别出当前网页已经关联了指纹之后，在浏览器标题栏的右上角将出现一个新的图标提示，如图 21.11 所示，这样你就知道当前网页是启用了指纹识别服务的。

图 21.11 DigitalPersona 识别出的启用了指纹登录服务的网页

除了给单独的个人电脑集成登录控制功能之外，系统管理员还可以通过Windows Active Directory（活动目录）域控制器应用 DigitalPersona 策略，设置必须通过指纹登录，禁止密码登录，然后创建一个 Web 站点模板，将该策略应用于所有的登录用户。

■ 给设备加把锁

如果你必须和他人共享一台计算机（这种事情在办公室经常发生），不能完全阻止他人使用你的计算机，那该怎么办呢？怎么样做才能提高安全性呢？很简单，你可以限制他人对计算机的部分操作权限——特别是禁止他们通过 CD-ROM、移动硬盘或 USB 记忆棒复制文件（无论是拷进还是拷出都不允许）。

Windows 本身并不拒绝各种外部介质设备或端口（USB、CD-ROM、串口、并口等）的使用。只要你能访问 Windows，那么任何文件（包括病毒、木马或其他别有用心的软件）都可以拷贝进来，当然也可以拷贝出去（特别是重要的数据资料）。

有些新的软件程序可以提供对个人电脑外部设备的控制。可控制的外部设备包括：无线设备（例如蓝牙和 WiFi）、USB 和串口、可移动存储介质（例如光盘和USB 记忆棒）等。

这类工具中有一款很简单的软件，名字就叫 USBLock，售价大约 22 美元，其官方网址为 www.advansysperu.com。该软件可以锁定计算机的 USB 端口、光驱和软盘驱动器，并且可以使用密码对选定的文件进行加密，如图 21.12 所示。如果加密之后的项目受到侵害，则会出现严厉警告信息，如图 21.13 所示。图中显示的英文警告信息大意为："你已经插入了一个未经授权的 USB 设备，请立即断开该设备的连接，系统将在 N 秒钟内进行验证，如果你未遵循我们的操作指令，那么本机将立即关闭。"

图 21.12　USBLock 提供了一个简单的用户界面，可以锁定大多数输入/输出设备

图 21.13　如果有人试图使用 USBLock 锁定的设备，则等待它的将是全屏显示的入侵警告

■ 小　结

在本章中，我们探讨了多种加强计算机数据和设备安全性的方法，在日常生活中，避免能接触到你的计算机的人对系统造成有意或无意的损害，这是一个重要的计算机安全问题。例如，在办公间隙过程中，很可能会出现要离开计算机一段时间

的情况;如果你把笔记本电脑落在汽车上或咖啡馆的桌子上,也很可能被小偷"顺手牵羊"窃取。无论何种情况,如果你必须离开个人电脑的话,一定要记得使用指纹识别器将它锁上,这样做可以将损失降低到最小。此外,如果要保护重要数据和文件,避免破坏或丢失,你最好能使用备份程序和存储介质。目前市场上有很多USB 接口的移动硬盘或 U 盘,方便小巧,插拔灵活,而且容量也很大,完全可以满足你备份重要系统和数据的要求。

Access Time（访问时间） 在请求发出之后，硬盘或内存区域上的数据变得可用所需要的时间。

ACPI or Advanced Configuration and Power Interface（ACPI，高级配置与电源接口） 这是英特尔、微软和东芝共同开发的一种电源管理标准。它可以监控系统活动并控制系统的电源应用配置。ACPI 可实现的功能包括：① 用户可以使外设在指定时间开关；② 使用笔记本电脑的用户可以指定计算机在低电压的情况下进入低功耗状态，以保证重要的应用程序运行；③ 操作系统可以在应用程序对时间要求不高的情况下降低时钟频率；④ 操作系统可以根据外设和主板的具体需求为它分配能源；⑤ 在无人使用计算机时可以使计算机进入休眠状态，但保证一些通信设备打开；⑥ 即插即用设备在插入时能够由 ACPI 来控制。

ACPI 共有六种状态，分别是 S0～S5，它们代表的含义分别是：

S0——实际上这就是我们平常的工作状态，所有设备全开，功耗一般会超过 80W。

S1——也称为 POS（挂起但接通电源），这时除了通过 CPU 时钟控制器将CPU 关闭之外，其他的部件仍然正常工作，这时的功耗一般在 30W 以下；（其实有些 CPU 降温软件就是利用这种工作原理）。

S2——这时 CPU 处于停止运作状态，总线时钟也被关闭，但其余的设备仍然运转。

S3——这就是我们熟悉的 STR（挂起到内存），这时的功耗不超过 10W。

S4——也称为 STD（挂起到硬盘），这时系统主电源关闭，但是硬盘仍然带电并可以被唤醒。

S5——连电源在内的所有设备全部关闭，功耗为 0。

要想使用 ACPI 功能，必须有软件和硬件的支持。

Adapter（适配器） 硬件设备，通常是一套（带插头和线缆），用在两种设备之间，可以将某种类型的插头或插座转换为另外一种类型；也可以进行不同信号类型的转换。典型的适配器如 9-25 针串口适配器线缆、串口和串口之间的零

MODEM、PC 打印机接口和打印机之间的线缆等。

Adapter Card（适配卡）　用于在计算机和内部（或外部）设备之间交换信号的插卡。请参阅 Parallel adapter（并口适配器）、Serial adapter（串口适配器）、Video adapter（显示卡）和 Disk controller（磁盘控制器）等条目。

Add-in Card（加载卡）　请参阅 Adapter card（适配卡）条目。

Address（地址）　在内存或硬件总线中的某个位置，它可能是特定的数据片断，也有可能是物理硬件设备。

Advanced Graphics Port（AGP，高级图形端口）　高性能的数据总线，它被设计用来处理从计算机系统到显示卡的数字信息。AGP 接口是在 PCI 2.1 版规范的基础上进行扩充修改而成的。AGP 总线直接与主板的北桥芯片相连，且通过该接口让显示芯片与系统主内存直接相连，避免了窄带宽的 PCI 总线形成的系统瓶颈，增加 3D 图形数据传输速度，同时在显存不足的情况下还可以调用系统主内存。所以它拥有很高的传输速率，这是 PCI 等总线无法与其相比拟的。

Alt-key Codes（Alt 按键代码）　如果你在按住 Alt 键的同时，再按一个或多个字母/数字键，即可触发一个特定的功能或操作。Alt 按键和 Shift 键或 Ctrl 键一样，可以改变功能或用作特殊按键。Alt 按键组合的功能在许多程序中都不相同。Alt 按键的一个特定用途（也是常见用途）就是允许输入 ASCII 字符的十进制值，特别是在 DOS 环境中可用的大写的 128 个特殊字符，以便画线条和方框。这些击键需要使用任何一个 Alt 按键（标准键盘上有 2 个 Alt 按键），再加上小键盘上的数字键（不是字母顶上的那一排数字键）。例如，如果我们按住 Alt 键（别撒手），再按顺序输入小键盘上的 1、9、7，再松开 Alt 键，得到并显示的就是一个"咆"字。

American National Standards Institute（ANSI，美国国家标准协会）　美国国家标准学会系非赢利性质的民间标准化团体。但它实际上已成为国家标准化中心，各界标准化活动都围绕着它进行。在计算机方面，ANSI 维护着一套计算机信息（包括一些"Escape 序列"）的编码和显示标准。在 Windows 操作系统早期版本中经常看到的设备驱动文件［ANSI.SYS］，可以在计算机启动时载入［CONFIG.SYS］文件，这样，屏幕就可以正确显示颜色和字符变化。

Antenna（天线）　天线是无线电信号发射器终点上的设备。无线电发射机输出的射频信号功率，通过馈线（电缆）输送到天线，由天线以电磁波形式辐射出去。电磁波到达接收地点后，由天线接下来（仅仅接收很小一部分功率），并通过馈线送到无线电接收机。可见，天线是发射和接收电磁波的一个重要的无线电设备，没有天线也就没有无线电通信。天线品种繁多，按用途分类，可分为通信天线、电视天线、雷达天线等；按工作频段分类，可分为短波天线、超短波天线、微波天线等；按方向性分类，可分为全向天线、定向天线等；按外形分类，可分为线状天线和面状天线等。

Access Point（AP，无线接入点）　无线网络接口设备，可以在有线网络中替代/用作路由器或开关。允许客户端系统中的无线网卡连接到局域网或 Internet。

Advanced Power Management（APM，高级电源管理）　APM 是监控系统活动和控制电源应用的标准规范。在 x86 机器中存在两种电源管理方法：APM 和 ACPI。APM 是老标准，而 ACPI 则提供了更加灵活的电源管理功能。APM 可以让你将机器处于 Suspend（挂起）或 Standby（备用）状态，并且可以检查电池容量。而 ACPI 除此之外，还可以让你将外设（如：显示器、显卡、PCI 总线等）单独断电，在节省电能方面有更多的控制。高级电源管理（APM）规范定义的电源状态包括以下几种。

就绪：在就绪状态下，计算机或设备处于完全加电状态且随时可用。"就绪"的 APM 定义只表示计算机或设备处于完全加电状态，但不区分活动和空闲情况。

待机：待机是指在节能的、依赖系统的中间状态。在中央处理器单元（CPU）空闲且在指定的时间间隔内无设备活动时进入待机状态。

挂起：挂起状态被定义为这样一种计算机状态：它是可用的最低能耗级别，能够保存操作数据和参数。挂起状态可由系统的基本输入输出系统（BIOS）或 BIOS 之上的软件来启动。如果系统 BIOS 检测到需要立即响应（如电池进入极低的能源状态）的情况，它可在不发出通知的情况下将计算机置为挂起状态。如果计算机处于挂起状态，则在恢复正常活动之前不进行计算，直到由外部事件（如按按钮、计时器警报等）给出信号后，才会恢复活动。

休眠：Windows XP 对休眠提供内置的支持。休眠会保存计算机的完整状态并关闭电源。计算机看上去处于关闭状态。这是可用的最低电源休眠状态，而且可以安全地关闭电源。在从休眠状态恢复后，BIOS 执行正常的开机自检，然后读取已创建的用于保存计算机状态的休眠文件。计算机返回到进入休眠模式之前所处的最后状态。休眠模式可减少启动时间。

请注意，在维护计算机时，确保已关闭计算机而非使用休眠模式。

关闭：处于关闭状态时，计算机或设备不通电且处于不活动状态。在关闭状态下，可能保存数据和操作参数，也可能不保存。

Application（应用程序）　设计用于执行特定任务的计算机程序（program），它可以让计算机为你工作或提供娱乐服务。典型的应用程序包括：计算机游戏、文字处理程序、数据库或电子表格程序等。

Archive Attributes（文档属性）　请参阅 Attributes（属性）。

ASCII（American Standard Code for Information Interchange，美国标准信息交换码）　ASCII 是目前计算机中用得最广泛的字符集及其编码。ASCII 码有 7 位码和 8 位码两种形式。7 位码是用七位二进制数进行编码的，它定义了 128 个基础英文字符的二进制编码规则，如大写字母"A"的编码就是 64，而空格的编码则为

32。第 0～32 号及第 127 号(共 34 个)是控制字符或通信专用字符,第 33～126 号(共 94 个)是字符,其中第 48～57 号为 0～9 这 10 个阿拉伯数字;65～90 号为 26 个大写英文字母,97～122 号为 26 个小写英文字母,其余为一些标点符号、运算符号等。8 位码可以表示 256 个不同的文字与符号,十进制表示为 0～255,十六进制表示为 00～FF。扩展的 128 个字符(编号 128～255)在不同的计算机系统和语言中所表示的内容也不同,它们被称为字符集。IBM 将它们定义为扩展的 ASCII 字符,它包含各种线条和形状,可用于屏幕绘图。此外,ASCII 还定义了文本文件的格式。在个人电脑上生成的 ASCII 文本文件和初始的 ASCII 标准有细微的差别,在其他计算机系统上可能会显示出多余的线条。

Association(关联) 无线适配卡在相同的无线电频道上相互之间建立连接的过程。但这并不是通过 TCP/IP 或其他网络协议进行通信的必要过程。如果选定的频道噪音太大或信号消失,则会产生重新关联,再次拾取信号。

ATA(高技术配置) ATA 代表 Advanced Technology Attachment(高技术配置),它与由 IDE 技术实现的磁盘驱动器关系最密切。IDE 的英文全称是 Integrated Drive Electronics,即“电子集成驱动器”,它的本意是指将“硬盘控制器”与“盘体”集成在一起的硬盘驱动器。把盘体与控制器集成在一起的做法减少了硬盘接口的电缆数目与长度,数据传输的可靠性得到了增强,安装起来也更为方便。在实际应用中,人们习惯用 IDE 来称呼最早出现的 IDE 类型硬盘 ATA-1,这种类型的接口随着接口技术的发展已经被淘汰了,而其后发展分支出更多类型的硬盘接口,比如 ATA、Ultra ATA、DMA、Ultra DMA 等接口都属于 IDE 硬盘。

Attributes(属性) 每个 DOS 文件(包括子目录)的条目后面都会跟随着属性信息,指定该文件是否为只读文件、隐藏文件、系统文件或存档文件。只读文件不会被删除会覆盖。隐藏文件在默认状态下不会显示在普通的 DOS DIR 命令结果中,也不能使用 COPY 或其他类似命令进行操作。系统文件是属于操作系统的文件,通常只有少数几个隐藏的 DOS 文件包含“系统”属性,它们是 IO. SYS(或 IBMBIO. COM)和 MSDOS. SYS(或 IBMDOS. COM)。存档文件表示该文档自从上次备份之后已经被修改过,备份操作可以清除该属性。

AUTOEXEC. BAT 文件 这是一个 ASCII 文本文件,可能包含一行或多行 DOS 命令,该文件中的命令在启动计算机时可自动执行。该文件可以使用文本编辑程序进行修改。

Backup(备份) 将某个磁盘上的一个、多个或所有文件复制到其他磁盘中。如果你的硬盘上有重要的数据,那么应该注意定期备份。

Base Address(基础地址) 设备或内存位置的起始地址。

Base Memory(基础内存) 请参阅 DOS memory(DOS 内存)条目。

Batch Files(批处理文件) 这是一个可能包含一行或多行 DOS 命令的 ASCII

文本文件,你只要调用该文件就可以执行多道命令,免去了单独输入命令的麻烦,故名"批处理"。使用文本编辑程序即可编写批处理文件。扩展名为".BAT"。

Battery Backup(备份电池)　保留电力的电池设备。当无法获得交流电源时,它可以派上用场。这种电池一般都是可充电的电池。

BIOS(基本输入/输出系统)　当个人电脑系统启动时运行的第一组程序。BIOS定义了特定的地址和设备,并且提供了软件界面服务,方便使用个人电脑系统中的设备。系统BIOS留驻在主板的ROM芯片上。在加载卡中也有BIOS,它们可以在硬件和软件之间提供连接服务。

Bit(比特)　在数字或计算机系统中,"比特"是最小的信息或记忆单位。1比特只有2个值:1(或者on)、0(或者off)。比特是二进制(1/0)系统中的度量单位。注意:Bit和Byte不同,Byte是字节,在1个字节中包含8比特的信息,1个汉字包含2个字节,也就是16比特的信息。

Blue-screen(蓝屏)、**Blue Screen of Death**(BSOD,死机蓝屏)　"蓝屏"确实是"蓝色的屏幕",当Windows操作系统出现蓝屏时,意味着它已经崩溃,你只能重新启动计算机。

BlueTooth(蓝牙)　短距离的2.4GHz无线电技术。它被设计用于简化多种设备之间的通信。常用于非网络/Internet应用程序,例如遥控、无线耳麦、鼠标和键盘、打印机等。

Bootup(启动)　载入和运行硬件初始化程序的过程,运行通过应用程序访问硬件资源。

Break(中断)**按键**　请参阅Control break组合键条目。

Bridge(桥接)　网络设备。用于居中连接一个或多个不同的网络,使它们看起来就像是在相同的网络中。桥接设备典型的应用是将两个不同的私有网络连接在一起。不能将两个Internet连接桥接起来。在无线网络中,桥接设备可能就是2个无线网络设备背靠背绑在一起,居中连接不同的无线局域网。

Buffers(缓冲区)　在计算机内部,等待处理的数据一般都被放在内存的某个临时空间里,这个临时存放空间被称为缓冲区。缓冲区的长度事先已经被程序或者操作系统定义好了。缓冲区溢出(buffer overrun)是指当计算机程序向缓冲区内填充的数据位数超过了缓冲区本身的容量,溢出的数据就会覆盖在合法数据上。操作系统所使用的缓冲区又被称为堆栈,在各个操作进程之间,指令被临时存储在堆栈当中,堆栈也会出现缓冲区溢出。当一个超长的数据进入缓冲区时,超出部分就会被写入其他缓冲区,其他缓冲区存放的可能是数据、下一条指令的指针,或者是其他程序的输出内容,这些内容都被覆盖或者破坏掉。可见一小部分数据或者一套指令的溢出就可能导致一个程序或者操作系统崩溃。而更坏的结果是,如果相关数据里包含了恶意代码,那么溢出的恶意代码就会改写应用程序返回的指令,使其指向包含恶意代码的地址,并且被 CPU 编译而执行,而这可能发生"内存缓冲区溢出攻击"。诸如"冲击波"、"震荡波"等蠕虫病毒就是采用这种手段来攻击个人电脑的。

Built-in command(内置命令)　内置命令随同 DOS 载入并且作为 DOS 命令处理程序的一部分。例如,COMMAND.COM、DIR、COPY、DEL、TYPE 和 CLS 都是典型的内置命令。请参阅 Internal Command(内部命令)条目。

Burn-in(拷机测试)　在个人电脑系统中针对部分或全部配件运行诊断程序或重复测试软件的过程。拷机测试在可控条件下进行,可以帮助验证各个配件以及整机系统的功能,找出有缺陷或比较差的配件。

Bus(总线)　总线是将计算机微处理器与内存芯片以及与之通信的设备连接起来的硬件通道。前端总线将 CPU 连接到主内存和通向磁盘驱动器、调制解调器以及网卡这类系统部件的外设总线。人们常常以 MHz 表示的速度来描述总线频率。前端总线(FSB)频率影响 CPU 与内存直接数据交换速度。

Byte(字节)　内存、信息、文件大小或存储能力的常见度量单位。一个字节包含 8 位信息。2 个字节组成一个汉字信息。1024 个字节就是我们常说的 1KB,而 1024KB 则是 1MB。请参阅 bit(比特)条目。

Cache(缓存)　所谓"缓存"就是预留的、用于持有信息的存储区域。缓存可以加快数据存取时间,提高运行性能,所以现在许多设备中都有缓存。例如,CPU 缓存可以大幅度提升 CPU 内部数据读取效率,因此是衡量 CPU 性能的一个重要指标,它包括 L1 Cache(一级缓存)、L2 Cache(二级缓存)和 L3 Cache(三级缓存)这三种,其中 L1 Cache 是 CPU 第一层高速缓存,由于 CPU 制造工艺等方面的因素,L1 缓存的容量一般都比较小。一般 CPU 的 L1 缓存容量通常在 32KB～256KB 左右。L2 缓存是 CPU 的第二层高速缓存,L2 高速缓存容量对 CPU 的性能有很大的影响,一般来说是越大越好,现在使用的 CPU 的 L2 缓存容量一般在 256KB～2MB。L3 缓存能进一步降低内存延迟,也能增强 CPU 处理大数据量的能力。

光驱和刻录机也有缓存,而且缓存是衡量光盘刻录机性能的重要技术指标之一,它就像一个两端畅通的连通器,刻录时数据必须先写入缓存,刻录软件再从缓存区调用要刻录的数据;在刻录的同时,后续数据再写入缓存中,以保持要写入数据良好的组织和连续传输。

硬盘缓存是硬盘控制器上的一块内存芯片,具有极快的存取速度,它是硬盘内部存储和外界接口之间的缓冲器。由于硬盘的内部数据传输速度和外界接口传输速度不同,缓存在其中起到一个缓冲的作用。缓存的大小与速度是直接关系到硬盘的传输速度的重要因素,能够大幅度地提高硬盘整体性能。当硬盘存取零碎数据时需要不断地在硬盘与内存之间交换数据,如果有大缓存,则可以将那些零碎数据暂存在缓存中,减小外系统的负荷,也提高了数据的传输速度。

CDMA(Code-Division Multiple Access,码分多址) 使用扩频技术的数字蜂窝式电话技术。不同用户传输信息所用的信号不是依据频率不同或时隙不同来区分,而是用各自不同的编码序列来区分。CDMA 的基本技术之一是扩频,在系统容量、通信质量和保密性方面均有一定的优势,ITU 推出的 IMT-2000(3G)标准及之后批准的几个 3G 标准均系采用 CDMA 多址方式。

CDPD(Cellular Digital Packet Data,蜂窝数字分组数据交换网络) 通过蜂窝式电话频率传输数据的技术。它使用的是蜂窝式频道中未被使用的800～900MHz波段的频率,数据传输率大约每秒 19.2KB。

Checksum(校验和) 在文件读取和写入操作中使用的错误校验方法。它可以比较和数据一起发送的校验信息,确认接收的信息是否正确。

Cluster(簇) 在 PC 或 MS-DOS 系统下磁盘存储空间的最小度量单位。扇区是磁盘最小的物理存储单元,但由于操作系统无法对数目众多的扇区进行寻址,所以操作系统就将相邻的扇区组合在一起,形成一个簇,然后再对簇进行管理。每个簇可以包括 2、4、8、16、32 或 64 个扇区。显然,簇是操作系统所使用的逻辑概念,而非磁盘的物理特性。

为了更好地管理磁盘空间和更高效地从硬盘读取数据,操作系统规定一个簇中只能放置一个文件的内容,因此文件所占用的空间,只能是簇的整数倍;而如果文件实际大小小于一簇,它也要占一簇的空间。所以,一般情况下文件所占空间要略大于文件的实际大小,只有在少数情况下,即文件的实际大小恰好是簇的整数倍时,文件的实际大小才会与所占空间完全一致。请参阅 Sector(扇区)条目。

CMOS Clock(时钟) 一个特殊的可以持续运行的时钟芯片,提供日期和时间信息。可以通过 PC 系统电源或钮扣电池给它供电。

CMOS RAM(CMOS 内存) 用于存储系统配置信息的特殊内存芯片。

CMOS Setup(CMOS 设置) 在系统启动时选择和存储配置信息的过程。CMOS 配置信息包括设备、内存、日期和时间等。CMOS 设置可以通过个人电脑的 BIOS 程序或外部工具执行。

Command(命令) 用来表示你需要计算机执行的程序或程序功能的词汇。命令由你通过键盘或鼠标提出,告诉计算机应该做什么。

Command Line(命令行) 在提示符后面出现的屏幕区域。你可以键入命令,要求计算机或程序执行,这就是通常所说的 DOS 命令行。DOS 提示符的示例如C> 、C:\> 。

Command-line Editing(命令行编辑) 在进入或启动命令之前改变显示的命令。

Communications Program(通信程序) 当通过调制解调器和其他位置的计算

机通信时,用于模拟计算机数据终端的应用程序。这样的程序一般可以提供颜色显示功能、调制解调器命令设置、电话拨号目录、自动按键脚本和文件传输功能。

CONFIG. SYS 配置文件　Config. sys 是一个 ASCII 文本文件,它可能包含一行或多行特殊 DOS 命令,每次计算机启动时都会被执行。你可以使用文本编辑程序对它进行修改。在配置文件中可以指定设备驱动程序(使用 DEVICE= 语句)、内存管理程序、磁盘缓存、RAM 磁盘、缓冲区大小等。

Control-Alt-Delete 或 Ctrl-Alt-Del 组合键　在 DOS 环境下可以导致系统重新启动的特殊组合键。在 Windows XP 操作环境中可以打开"任务管理器"。

Control-Break 组合键　Ctrl 按键和 Break(和 Pause 是同一个按键)的组合键。在 DOS 环境下,它可以中断程序的运行。

Control-C 组合键　在 DOS 环境中,该组合键可以中断许多程序的运行。不过它的强制性不如 Control-Break 组合键。

Control 按键组合　在许多应用程序或在线会话中都使用这种按键组合,它可以启动特殊功能或操作。常用的 Control 按键组合如 Ctrl-S(停止屏幕滚动显示,方便仔细查看)、Ctrl-Q(继续显示)。这些 Control 按键组合的操作方法也是先按住 Ctrl 键,然后按其他字母,这和 Shift 或 Alt 组合按键是一样的。

Conventional Memory(常规内存)　常规内存在内存分配表中占用最前面的位置,从 0KB 到 640KB(地址 000000H～109FFFFH),共占 640KB 的容量。因为它在内存的最前面并且在 DOS 可管理的内存区,所以又称之为基本内存,使用此空间的程序有 BIOS 系统、DOS 操作系统、外围设备的驱动程序、中断向量表、一些常驻的程序、以及一般的应用软件等。MS-DOS 可以控制和管理 1MB 的内存空间,常规内存占了 640KB,其他的 384KB 保留给 BIOS ROM 及其他各种扩展卡使用。这 640KB 的常规内存可分为两部分,一部分给各种不同的操作系统程序使用,另一部分给数据、程序使用。

Crash(死机崩溃)　普通计算机操作中的意外中断。当程序崩溃时,所有打开的数据文件都可能损坏或丢失,硬件可能陷入死循环,任何操作都没有响应。此时你需要重新启动计算机或关闭电源(数秒),然后再重新开机。

Current Directory(当前目录)　用户或程序最近一次选择的目录。当你调用某个程序时,DOS 将首先搜索该程序是否存在于当前目录,如果没有,再搜索使用 PATH 命令指定的目录。

Current Disk Drive(当前磁盘驱动器)　用户或程序最近一次选择的磁盘驱动器。它出现在 DOS 提示符的左侧。例如 c> 或 C:\> 。

Cursor(光标)　在屏幕上显示的线条或方块字符,通常会闪烁不定,表示用户输入的字符将出现在该位置,或者当前已经激活输入功能,允许用户输入命令。在 DOS 命令行中,光标通常出现在 DOS 提示符的末尾。

Decibel(分贝,符号为 dB)　分贝是测量声音强度的单位(符号:dB),在声学领域中,分贝的定义是声源功率与基准声功率比值的对数乘以 10 的数值。声音压力每增加一倍,声压量级增加 6dB。1dB 是人类耳朵刚刚能听到的声音,20dB 以下的声音,一般来说,我们认为它是安静的,当然,一般来说 15dB 以下的我们就可以认为它属于"死寂"的了。20~40dB 大约是情侣耳边的喃喃细语。40~60dB 属于我们正常的交谈声音。60dB 以上就属于吵闹范围了,70dB 我们就可以认为它是很吵的,而且开始损害听力神经,90dB 以上就会使听力受损,而呆在 100~120dB 的空间内,如无意外,一分钟人类就得暂时性失聪(致聋)。

Default(默认值)　预先决定的值或普通参数。如果你无法修改某参数,那么程序或计算机一般会将默认值作为选定的值。

Defragment(磁盘碎片整理程序)　重新组织磁盘文件的过程,这样文件就可以占用连续的扇区和簇。执行磁盘碎片整理程序可以降低读取单个数据文件时的访问(数据读/写磁头的移动)时间。

Destructive Testing(破坏性测试)　针对内存或磁盘驱动器的测试。完全覆盖原始资料和现有数据而不必考虑还原。

Device(设备)　连接到计算机的实际硬件,可以提供输入或接受输出。典型的设备如:打印机、调制解调器、鼠标、键盘、显示器和磁盘驱动器等。另外,还有一些特殊的或虚拟的设备,它们也可以在软件中扮演硬件的角色,这样的设备被称为NUL 设备,在某些地方是必须的(虽然它并不实际存在)。使用">nul"命令可以将命令产生的屏幕显示信息重定向(>)到空设备(nul),这样在屏幕上就没有显示了。

Device Driver(设备驱动程序)　某些硬件所必需的软件。没有驱动程序,硬件设备就可能无法正常工作。常见的设备驱动程序是 ANSI.SYS,用于显示屏的控制;RAMDRIVE.SYS,用于将内存的一部分创建为虚拟磁盘。设备驱动程序通常都在 CONFIG.SYS 文件中使用,以"DEVICE="语句开头。

Diagnostics(诊断程序)　测试系统配件功能的软件程序。

DIMM(Dual In-line Memory Module,双列直插内存模块)　DIMM 内存与SIMM 相当类似,不同的只是 DIMM 的金手指两端不像 SIMM 那样是互通的,它们各自独立传输信号,因此可以满足更多数据信号的传送需要。同样采用 DIMM,SDRAM 的接口与 DDR 内存的接口也略有不同,SDRAM DIMM 为 168Pin DIMM 结构,金手指每面为 84Pin,金手指上有两个卡口,用来避免插入插槽时,错误将内存反向插入而导致烧毁;DDR DIMM 则采用 184Pin DIMM 结构,金手指每面有 92Pin,金手指上只有一个卡口。卡口数量的不同,是二者最为明显的区别。DIMM 内存是设计用来取代 SIMM 内存的。

DIN Connector(DIN 连接器)　一种符合德国工业标准(Deutsch Industries

Norm)规范的多头连接器。DIN 连接器用于连接个人计算机中各种不同的组件。例如,计算机键盘就使用了 5 针普通或 6 针迷你 DIN 连接器。

DIP(Dual In-line Package,双列直插式封装技术)　DIP 是指采用双列直插形式封装的集成电路芯片,绝大多数中小规模集成电路均采用这种封装形式,其引脚数一般不超过 100。DIP 封装的 CPU 芯片有两排引脚,需要插入到具有 DIP 结构的芯片插座上。当然,也可以直接插在有相同焊孔数和几何排列的电路板上进行焊接。DIP 封装的芯片在从芯片插座上插拔时应特别小心,以免损坏管脚。DIP 封装结构形式有:多层陶瓷双列直插式 DIP,单层陶瓷双列直插式 DIP,引线框架式 DIP(含玻璃陶瓷封接式,塑料包封结构式,陶瓷低熔玻璃封装式)等。

DIP Switch(DIP 开关)　DIP 开关是并排双列直插开关,有的也叫拨码开关、指拨开关、地址开关、编码开关等。它可以单独使用表示一种功能,也可以组合几个 DIP 开关来表示更多的状态,更多的功能。

Directory(目录)　用于组织存储文件,并且通过目录名称引用信息的文件空间。每个磁盘至少有一个目录,一般称之为根目录。根目录是一个特殊区域,它为其他文件和目录预留了磁盘空间。除了根目录之外,所有目录都必须有自己的名字。在 Windows 95 以上的操作系统中,目录已经被文件夹取代,但是其概念实际上是一样的。

Disk(磁盘)　保存计算机文件的圆形磁介质,例如软盘和硬盘。

Disk Cache(磁盘缓存)　磁盘缓存是由 CONFIG.SYS 或 AUTOEXEC.BAT 文件中载入的 cache 程序管理的内存预留空间。cache 程序可以截取程序或 DOS 命令对磁盘驱动器的信息请求,读取被请求的数据,提高计算机的运行性能。磁盘缓存还可以保留要写入磁盘的信息,等到以后再将数据实际写入磁盘。

Disk Drive Adapter(磁盘适配器)　内置卡或加载卡的接口或控制器电路。它可以在计算机系统输入/输出电路和硬盘驱动器之间提供必要的连接。

Disk Label(磁盘卷标)　相当于磁盘名称。通过卷标可以提示当前磁盘的内容,最多 11 个字符。

DLL(动态链接库)　包含可执行程序函数的文件。动态链接库文件需要由其他程序调用,它可以在多个应用程序之间共享。只有当某个程序需要它时,才把它调用出来,这种机制可以降低程序的内存需求。另外,由于它可以供多个程序共享,从而使这些程序避免了包含雷同的代码,简化了程序文件,降低了文件量。

DMA(直接内存存取)　在计算机的内存和其他设备(例如硬盘)之间传输信息的方法,这种方法绕过了处理器,不需要 CPU 参与。打开硬盘的 DMA 模式将大幅度地提高硬盘系统的功能,使我们能更快更好地进行视频处理和文件传输。打开刻录机的 DMA 选项,可以保障刻录品质,并降低刻录时的 CPU 占用率。

DOS(磁盘操作系统)　为特定类型的计算机系统编写的一套软件。它可以为应用程序和系统维护提供所需的磁盘存储服务和其他输入/输出功能控制。所有使用磁盘驱动器的计算机都需要某种形式的磁盘操作系统。

DOS 盘　以 DOS 操作系统为基础格式化的软盘。

DOS 内存　在计算机系统运行期间，用于存储 DOS 引导和操作系统信息、程序和数据的临时内存。DOS 内存最大可占用系统硬件所提供的 640KB RAM（随机存取内存）。当计算机关机时，RAM 中的内容将被清空。

DOS 系统盘　以 DOS 操作系统为基础格式化的软盘，并且包含 2 个隐藏的 DOS 系统文件和 COMMAND.COM 文件，可以使用它来引导系统。由于软驱已经逐渐销声匿迹，所以现在系统启动多改为硬盘引导、光驱引导或 U 盘引导等方式。

Download（下载）　从其他计算机接收或传输信息。一般需要通过调制解调器建立连接。

DRAM（动态随机存储器）　最为常见的系统内存。DRAM 只能将数据保持很短的时间。为了保持数据，DRAM 必须隔一段时间刷新一次。如果存储单元没有被刷新，数据就会丢失。

Drive（驱动器）　保护磁盘存储介质的机械和电子装置，提供数据存储和检索的读取功能。

DRM（Digital Rights Management，数字版权管理）　通过对数字内容进行加密和附加使用规则对数字内容进行保护，其中，使用规则可以断定用户是否获得播放授权。DRM 分为两类：一类是多媒体保护，例如加密电影、音乐、视频、流媒体文件；另外一类是加密文档，例如 Word、Excel、PDF 等。DRM 主要通过技术手段来保护文档、电影、音乐不被盗版。

DSL（又作 xDSL、ADSL、HDSL）　DSL 全称为 Digital Subscriber Line，一般翻译为"数字用户线"。是一项大大提高进入家庭或办公室的普通电话线（本地环路）数字容量的技术。DSL 速度受用户到电话局间距离的制约。DSL 面向两类应用。非对称 DSL（ADSL）用于需要较高下行速度的 Internet 接入；对称 DSL（SDSL、HDSL 等）是为需要双向高速通信的短程连接设计的。DSL 不同于 ISDN，DSL 永远连在网上。在电话局，DSL 通信量聚集到一个称为 DSL 接入多路复用器（DSLAM）的设备并转发到适当的 ISP 或数据网络。对称 DSL 连接可以做到和 T-1 网络连接一样快，但是其数据传输率没有保障。国内宽带网络多使用 ADSL 技术。

EDGE（Enhanced Data Rate for GSM Evolution，增强型数据速率 GSM 演进技术）　EDGE 是一种从 GSM 到 3G 的过渡技术，它主要是在 GSM 系统中采用了一种新的调制方法，即最先进的多时隙操作和 8PSK 调制技术。由于 8PSK 可将现有 GSM 网络采用的 GMSK 调制技术的信号空间从 2 扩展到 8，从而使每个符号所包含的信息是原来的 4 倍。

之所以称 EDGE 为 GPRS 到第三代移动通信的过渡性技术方案，主要原因是这种技术能够充分利用现有的 GSM 资源。因为它除了采用现有的 GSM 频率外，同时还利用了大部分现有的 GSM 设备，而只需对网络软件及硬件做一些较小的改动，就能够使运营商向移动用户提供诸如互联网浏览、视频电话会议和高速电子邮件传输等无线多媒体服务，即在第三代移动网络商业化之前提前为用户提供个人多媒体通信业务。由于 EDGE 是一种介于现有的第二代移动网络与第三代移动网络之间的过渡技术，因此也有人称它为"二代半"技术。EDGE 技术有效地提高了 GPRS 信道编码效率及其高速移动数据标准，它的最高速率可达 384KB/秒，在一定程度上节约了网络投资，可以充分满足未来无线多媒体应用的带宽需求。所以，它将会逐步取代 GPRS 成为与第三代移动通信系统最接近的一项技术。

EIA（Electronics Industries Association，美国电子工业协会）　提供和管理多种类型的电子产品设计和生产标准的组织。

EISA（Extended Industry Standard Architecture，扩展工业标准体系结构）将附加卡（例如视频卡、内置式调制解调器和支持其他外围设备的卡）连接到 PC 机主板上的一种总线标准。EISA 有一个 32 位的数据通道，使用能够接受 ISA 卡的连接器。不过，EISA 卡只能与 EISA 系统匹配。EISA 总线的操作频率比 ISA 总线高得多，并且能够提供比 ISA 总线快得多的数据吞吐率。

EMM（Expanded Memory Manager，扩充内存管理软件）　一种驱动程序，它实现了扩充内存规范（EMS）的软件部分，使 IBM 及其兼容 PC 机可以访问扩充内存。

EMS（Expanded Memory Specification，扩充内存规范）　扩充内存规范是一种早期的增加内存的标准，最多可扩充到 32M。要在系统中启用扩充内存，必须使用 EMM。由于扩充内存使用起来比较麻烦，所以在扩展内存出现后不久就被淘汰了。

ENTER（回车键）　命令或行中止按键。在键盘上一般有 2 个 Enter 键。在某些应用程序中这 2 个 Enter 键可能有不同的作用，不过大多数时候它们的作用是一样的。

Environment（环境参数）　DOS 软件设置和使用的内存区域，它可以存储和检索少量信息，而这些信息可以被许多应用程序共享或引用。DOS 环境参数区域可以保留的信息多半是 PATH（路径）、当前驱动器、PROMPT、COMSPEC 以及其他任何 SET 变量。

Escape Sequence（Escape 序列）　在设备之间发送的一组命令或参数，可以控制、打印文本方向或字体、屏幕颜色和显示，或者在系统之间开始文件传输作业。许多打印机接受 Escape 序列以改变字体外形。ANSI 的 Escape 序列也可以通过设备驱动程序 ANSI.SYS 控制屏幕显示和 DOS 提示符等。Escape 序列以 ASCII

码中的 ESC 字符（显示为 < – ）或 Ctrl 加左方括号（^[）开头，后面跟着字符或数字定义。常见的 Esc 序列示例如：ESC-2-j（也可能显示为 ^[2J）。

EVDO（Evolution-Data Optimized，演进数据优化） EV-DO 也被称为 1xEV-DO，它是由某些移动电话供应商提出的一种宽带无线数据标准。数据传输速率从 400Kbps～5Mbps 不等，具体速率取决于服务提供商和无线电信号质量等。

Executable File（可执行文件） 可以通过操作系统调用的程序文件。虽然 DLL 文件也保护可执行的程序的信息，但是它们的功能必须通过其他程序才能调用。

Execute（执行） 当计算机被指示运行程序时所执行的动作。

Expanded Memory（扩充内存） 在 DOS 下，系统中存在以下四种内存：常规内存、高端内存、扩充内存和扩展内存。早期的 DOS 只能管理最多 1M 字节的连续内存空间。在这 1M 内存中，又只有 640k 留给应用程序使用，它们被称为常规内存或基本内存，其余 384k 被称为高端内存，是留给视频显示和 BIOS 等使用的。在 Windows 95 操作系统之后，已经不存在常规内存的限制了，所有内存都可以拿来使用。扩充内存需要安装内存扩充卡和扩充内存管理程序才能使用，后来被逐渐淘汰，现在电脑上使用的，多数都是扩展内存。

除了在计算机中使用的扩充内存之外，现在许多电子消费类设备中的闪存也属于扩充内存。根据 MP3/MP4 的不同，可以有 CF 卡、SM 卡、MMC 卡、SD 卡等多种选择。CF 卡是早期 MP3/MP4 使用的，现在因为体积和耗电的原因，已经很少用到了；SM 卡应该算是目前用得最多的扩充卡了；MMC 卡属第二代的扩展卡，用得也比较多；SD 卡是在 MMC 卡基础上发展出来的，所以它也向下兼容——就是说如果你的 MP3/MP4 支持 SD 卡，那么它一般也可以支持 MMC 卡，但反过来 MMC 卡插槽的 MP3/MP4 就不支持 SD 卡。除了上面列举的几种扩充卡外，还有 SONY 专用的记忆棒，很少看到其他产品使用。

Extended Memory（扩展内存） 1MB 以上的地址空间称为扩展内存。在 386 以上档次的计算机中，有两种存储器工作方式，一种称为实地址方式，另一种称为保护方式。在实地址方式下，物理地址仍使用 20 位，所以最大寻址空间为 1MB，以便与 8086 兼容。保护方式采用 32 位物理地址，寻址范围可达 4GB。DOS 系统在实地址方式下工作，它管理的内存空间仍为 1MB，因此它不能直接使用扩展存储器。为此，Lotus、Intel、AST 及 Microsoft 公司建立了 MS-DOS 下扩展内存的使用标准，即扩展内存规范 XMS。我们常在 Config.sys 文件中看到的 Himem.sys 就是管理扩展内存的驱动程序。

External Command（外部命令） 作为 DOS 的一部分而提供的程序或服务。它们作为单独的程序而存在，没有内置在 COMMAND.COM 中，也不会随系统启动而载入。这些程序都包含 .COM 或 .EXE 扩展名。典型的外部命令示例如：

FORMAT.COM、DISKCOPY.COM、DEBUG.EXE、LABEL.COM、MORE.COM 和 PRINT.COM 等。

FDISK 硬盘分区命令 在硬盘格式化的过程中,需要分配和建立可用分区,并且在这些分区中确定引导分区、活动分区和逻辑分区等。FDISK 命令就可以执行上述功能。在使用 FDISK 命令分区之后,用户还需要进行低级格式化,然后才能使用该硬盘。FDISK 命令会造成原有硬盘内容的丢失,所以在分区之前应该做好数据备份。

FIFO 或 FIFO 缓存器 FIFO 简单地说就是 First-in, first-out(先进先出)。它是一种先进先出的数据缓存器,它与普通存储器的区别是没有外部读写地址线,这样使用起来非常简单,但缺点就是只能顺序写入数据,顺序读出数据,其数据地址由内部读写指针自动加 1 完成,不能像普通存储器那样可以由地址线决定读取或写入某个指定的地址。由于微电子技术的飞速发展,新一代 FIFO 芯片容量越来越大,体积越来越小,价格越来越便宜。作为一种新型大规模集成电路,FIFO 芯片以其灵活、方便、高效的特性,逐渐在高速数据采集、高速数据处理、高速数据传输以及多机处理系统中得到越来越广泛的应用。

File(文件) 磁盘空间的某个区域。它包含了程序或数据,作为一个独立的单位被 DOS 文件目录引用。它的起始位置被记录到文件目录中。所有文件占用磁盘空间的情况都被记录在 DOS 文件分配表(FAT)中。文件其实就是一些数据或软件,它们可以被复制、移动、删除或修改,当然,文件分配表会追踪这些变化。

File Allocation Table(文件分配表,简写作 FAT) 文件和目录所占用的磁盘扇区的 DOS 索引。它可以为文件占用的下一个磁盘扇区提供表或指针。为可靠起见,磁盘上有 2 个 FAT 的副本。当文件被删除、复制、移动、重新组织或整理时,FAT 将会被更新,以反映文件或可用空白磁盘空间的新位置。文件可能占用磁盘上许多簇的位置,而 FAT 是唯一知道所有文件片断所在位置的索引表。

File Attributes(文件属性) 请参阅 Attributes(属性)条目。

Filename(文件名) 给磁盘文件分配的字符串,以便对其进行区分。对于DOS 系统来说,文件名需要包括最少 1 个字符最多 8 个字符的基本名,后面跟着 3 个字符的扩展名。在基本名和扩展名之间使用小点(.)符号隔开。这就是所谓的8.3 形式。Windows 95、Windows 98 和 Windows NT 及其更高版本的操作系统已经不受 8.3 形式的限制,它们可以使用"长文件名",最多可以使用 256 个字符作为文件名,并且允许使用多个小点符号。可用的文件名和扩展名字符包括:A～Z、0～9、!、@、#、$、^、&、_、-、{、}、(、)、.、,、'、` 或～等。系统保留的不能用作文件名的字符包括:%、*、+、=、;、:、[、]、<、>、?、/、\、|、"和空格键。在同一个文件夹中,每个文件的文件名必须是唯一的,但是在不同文件夹中可以存在相同文件名的文件。所有程序和数据文件都需要指定文件名。

Filename Extension(文件扩展名) 文件扩展名常用来区别不同的文件类型,

并且可以通过它将文件和某些应用程序关联起来。

FireWire(火线)　火线连接是以苹果公司开发的技术为基础发展而来的一种高速 I/O(输入/输出)技术,它可连接高端数字摄像机/数码相机和外围存储设备以及计算机。请参阅 IEEE-1394 接口条目。

Firmware(固件)　固化在硬件中的软件。光存储的 Firmware 是运行在驱动器上的软件指令集,它存储着计算机系统中硬件设备最基本的参数,为系统提供最直接的硬件控制。Firmware 功能上有点类似于主板上 BIOS,同样在开机过程中,系统会先读取其内部的硬件设备初始化信息,使操作系统能够正确识别硬件,并为其他软件的运行提供最基本的依据。Firmware 是存储在硬件中的,其存储介质主要有 ROM、PROM、EPROM、EEPROM 和 Flash Rom,现在的光储产品基本都使用可擦写的存储介质存储 Firmware,便于用户刷新。Flash Rom 是一种在 EEPROM 基础上改进的非易失性的存储介质,它在擦写数据时是以"块"为单位进行的,块的大小由厂商自定,而 EEPROM 则是以字节为单位进行擦写的,因此 Flash Rom 的擦写速度较快,其技术的先进性和操作的便捷性非常方便用户自行对固件进行升级。厂家可以提供对 Firmware 的升级,以便为 Firmware 增加更多的功能或改进其性能,甚至修正其中的错误。虽然有些固件的问题可以通过软件补丁来弥补,但终归还是不如直接进行固件的升级来得可靠和方便。因此目前绝大多数的厂家在推出硬件产品时,都采用了可以升级的固件设计以提供更加灵活的适用性。光储产品厂商一般都会提供必要的 Firmware 升级程序,可以去其官方网站直接下载,此类程序容量都较小,大概在一二百 KB 以内。大部分的 Firmware 升级程序都需要在纯 DOS 环境下运行。注意并不是指 Windows 下的 DOS 窗口,而是指未进入 Windows 界面之前的 DOS 操作环境。

Format(格式化)　对软盘或硬盘使用特定目录和文件结构进行预处理的过程。格式化的功能包括:使磁盘可以存储数据,或者将磁盘变成系统盘(方便以后引导系统用)。格式化成系统盘实际上就是将 2 个 DOS 隐藏文件和 COMMAND.COM 文件复制到被格式化的磁盘中。所有磁盘介质都需要先进行格式化之后才能使用。虚拟磁盘或 RAM 无需格式化。格式化操作将导致所有数据丢失,所以用户在格式化之前需要确认已经备份数据。

Fragmentation Threshold(分片门限值)　数据包传输时设置的分片门限值。如果数据包的实际长度超过了这个值,那么数据包在传输前就会被分片。该参数在某些无线接入点和客户端无线服务中可用。如果你遭遇到较高的数据包错误率,则可以稍微提高一些该值(最大值为 2432),可能会有些作用。该值如果太低,则会导致传输性能的严重下降。

Gateway(网关)　网关是一个网络连接到另一个网络的"关口"。它实质上是一个网络通向其他网络的 IP 地址。现在有很多的硬件网关设备,但从根本上说,网关不能完全归为一种网络硬件。它应该是能够连接不同网络的软件和硬件的结合产品。特别是它可以使用不同的格式、通信协议或结构连接起两个系统。网关的工作原理实际上是通过重新封装信息以使它们能被另一个系统读取。为了完成这项任务，网关必须能运行在 OSI 模型的几个层上。网关必须同应用通信，建立和管理会话，传输已经编码的数据，并解析逻辑和物理地址数据。常见的网关如下：

电子邮件网关：通过这种网关可以从一种类型的系统向另一种类型的系统传输数据。例如，电子邮件网关可以允许使用 A 电子邮件的人与使用 B 电子邮件的人相互通信。

IBM 主机网关：通过这种网关，可以在一台个人计算机与 IBM 大型机之间建立和管理通信。

Internet 网关：这种网关允许并管理局域网和 Internet 之间的接入。Internet 网关可以限制某些局域网用户访问 Internet。反之亦然。

局域网网关：通过这种网关，运行不同协议或运行于 OSI 模型不同层上的局域网网段间可以相互通信。路由器甚至只用一台服务器都可以充当局域网网关。局域网网关也包括远程访问服务器。它允许远程用户通过拨号方式接入局域网。

Gigabyte（GB，十亿字节）　度量单位。相当于 1024MB 或 1 073 741 824 个字节的信息、存储空间或内存。

GPRS（General Packet Radio Service，通用无线分组业务）　一种基于 GSM 系统的无线分组交换技术，提供端到端的、广域的无线 IP 连接。GPRS 是一项高速数据处理的技术，方法是以"分组"的形式将资料传送到用户手上。

GSM（Global System for Mobile Communications，全球移动通信系统）　俗称"全球通"，是一种起源于欧洲的移动通信技术标准，是第二代移动通信技术，其开发目的是让全球各地可以共同使用一个移动电话网络标准，让用户使用一部手机就能行遍全球。我国于 20 世纪 90 年代初引进采用此项技术标准。目前，中国移动、中国联通各拥有一个 GSM 网，为世界最大的移动通信网络。GSM 系统包括 GSM900：900MHz、GSM1800：1800MHz 及 GSM1900：1900MHz 等几个频段。GSM 系统有几项重要特点：防盗拷能力佳、网络容量大、手机号码资源丰富、通话清晰、稳定性强不易受干扰、信息灵敏、通话死角少、手机耗电量低。目前我国主要的两大 GSM 系统为 GSM900 及 GSM1800，由于采用了不同频率，因此适用的手机也不尽相同。不过目前大多数手机基本是双频手机，可以自由在这两个频段间切换。在我国随着手机市场的进一步发展，现也已出现了三频手机，即可在 GSM900\GSM1800\GSM1900 这三种频段内自由切换的手机，真正做到了一部手机可以畅游全世界。

Hardware Interrupt（硬件中断）　硬件中断分为外部中断和内部中断。外部中断一般是指由计算机外设发出的中断请求，如：键盘中断、打印机中断、定时器中断等。外部中断是可以屏蔽的中断,也就是说,利用中断控制器可以屏蔽这些外部设备的中断请求。内部中断是指因硬件出错(如突然掉电、奇偶校验错等)或运算出错(除数为零、运算溢出、单步中断等)所引起的中断。内部中断是不可屏蔽的中断。

Hexadecimal(十六进制) 以 16 作为基数的计数系统。数字 0～9 和字母 a～f(或其大写 A～F)表示 0～15 这些数。一个字节的十六进制信息可以表示 0～255 个不同的项目,即 00～FF。

Hidden File(隐藏文件) 请参阅 Attributes(属性)条目。

High Memory Area(HMA,高端内存区) 使用 HIMEM. SYS 内存工具创建的 1024KB ～ 1088KB 之间的 64KB 内存,称为高端内存区,其地址为 100000H～1OFFEFH或以上。请参阅 Expanded Memory(扩充内存)条目。

HPFS(High Performance File System,高性能文件系统) 为 OS/2 操作系统创建的安全硬盘文件系统。HPFS 支持长文件名,比 FAT 文件系统有更强的纠错能力。Windows NT 也支持 HPFS,使得从 OS/2 到 Windows NT 的过渡更为容易。HPFS 和 NTFS 有包括长文件名在内的许多相同特性,但使用可靠性较差。

Hub(集线器) 集线器属于数据通信系统中的基础设备,它和双绞线等传输介质一样,是一种不需任何软件支持或只需很少管理软件管理的硬件设备。它被广泛应用到各种场合。集线器工作在局域网环境,像网卡一样,应用于 OSI 参考模型第一层,因此又被称为物理层设备。集线器主要用于共享网络的组建,是解决从服务器直接到桌面的最为经济的方案。

IDE(Integrated Drive Electronics,集成驱动电子设备) 一种在主机处理器和磁盘驱动器之间广泛使用的集成总线。IDE 的本意是指把"硬盘控制器"与"盘体"集成在一起的硬盘驱动器。把盘体与控制器集成在一起的做法减少了硬盘接口的电缆数目与长度,数据传输的可靠性得到了增强,硬盘制造起来变得更容易,硬盘安装起来也更为方便。该标准可替代早期的 MFM、ESDI 和 SCSI 驱动接口,同时也是 ATA 标准的一部分。

IEEE-1394 接口 IEEE-1394 接口是苹果公司开发的串行标准,又称为"火线接口"。同 USB 一样,IEEE-1394 也支持外设热插拔,可为外设提供电源,省去了外设自带的电源,能连接多个不同设备,支持同步数据传输。IEEE-1394 分为两种传输方式:Backplane 模式和 Cable 模式。Backplane 模式最小的速率也比 USB1.1 最高速率高,分别为 12.5Mbps、25Mbps、50Mbps,可以用于多数的高带宽应用。Cable 模式是速度非常快的模式,分为 100Mbps、200Mbps 和 400Mbps 几种,在 200Mbps 下可以传输不经压缩的高质量数据电影。相比于 USB 接口,早期在 USB 1.1 时代,1394 接口在速度上占据了很大的优势,在 USB 2.0 推出后,1394 接口在速度上的优势不再那么明显。同时现在绝对多数主流的计算机并没有配置

1394 接口,要使用必须要购买相关的接口卡,增加额外的开支。目前单纯 1394 接口的外置式光储设备基本上很少,大多都是同时带有 1394 和 USB 接口的多接口产品,使用更加灵活方便。

I/O(输入/输出) 软件或硬件在计算机程序或设备之间接受或传输数据的过程或功能。

Interlaced Operation(隔行运行) 在显示屏上显示图像元素的方法。该方法的特点是以隔行扫描方式显示像素(图像元素),这和 non-interlaced operation(逐行运行)方式相反,逐行运行方式是以逐行扫描显示图像的。隔行扫描往往会造成显示屏幕闪烁的现象。

Internal Command(内部命令) 和 DOS 命令处理程序 COMMAND.COM 一起载入的命令。典型的内部 DOS 命令如:DIR、COPY、DEL、TYPE 和 CLS 等。它们和内置命令相同。

Interrupt(中断) 请参阅 Hardware Interrupt(硬件中断)、IRQ 和 Software Interrupt(软件中断)等条目。

IRQ(Interrupt Request,中断请求) 计算机中的每个组件都会拥有一个独立的 IRQ,除了使用 PCI 总线的 PCI 卡之外,每一组件都会单独占用一个 IRQ,且不能重复使用。在计算机运行过程中,CPU 是持续处于忙碌状态的,而当硬件接口设备开始或结束收发信息,需要 CPU 处理信息运算时,便会透过 IRQ 对 CPU 送出中断请求讯号,让 CPU 储存正在进行的工作,然后暂停手边的工作,先行处理周边硬件提出的需求,这便是中断请求的作用。

ISO(International Standards Organization,国际标准组织) 一个全球性的非政府组织,是国际标准化领域中一个十分重要的组织。对于 PC 工业而言,它可以帮助定义电子设备的互联和兼容标准。

Kilobyte 或 K 度量单位。相当于 1024 个字节的信息、存储空间或内存。

Label 或 Volume Label(卷标) 1~11 字符的磁盘名称,可以帮助识别磁盘。卷标可以通过 DOS LABEL 或 FORMAT 程序或其他磁盘工具写入。

LAN(Local Area Network,本地局域网) 在本地系统之间的内部连接,允许在多个用户之间共享程序、数据文件和其他资源。

Language(语言) 特别定义的词汇和函数。可以组成编程语言或方法控制计算机系统。在最低访问级别,程序员可以通过汇编语言控制 CPU 的运行。应用程序就是使用不同的高级语言(例如 BASIC、C 或 Pascal 等)编写而成的,它们可以转换为汇编语言以便执行。

LCD(Liquid Crystal Display,液晶显示器) 液晶的物理特性是:通电时排列变得有秩序,使光线容易通过;不通电时排列混乱,阻止光线通过。液晶显示器就是利用此原理而制成的。液晶显示器的参数主要有四个方面:可视角度(一般而言,LCD 的可视角度愈大愈好)、亮度和对比度(可接受亮度为 150cd/m² 以上,对比度则应该在 300：1 以上)、响应时间(响应时间愈小愈好)和显示色数等。

Logical Drive(逻辑驱动器)　在基本主启动记录(MBR)磁盘的扩展磁盘分区中创建的卷。逻辑驱动器类似于主磁盘分区,只是每个磁盘最多只能有四个主磁盘分区,而在每个磁盘上创建的逻辑驱动器的数目不受限制。逻辑驱动器可以被格式化并指派驱动器号。

MAC Address(MAC 地址)　MAC 地址是烧录在网卡(NIC)中的。MAC(Media Access Control,介质访问控制)地址也叫硬件地址,是由 48 比特长(6 字节)16 进制的数字组成的。其中,0～23 位是由厂家自己分配的,24～47 位叫做组织唯一标志符,是识别 LAN(局域网)节点的标识。其中第 40 位是组播地址标志位。网卡的物理地址通常由网卡生产厂家烧入网卡的 EPROM(一种闪存芯片,可以通过程序擦写),它存储的是传输数据时真正赖以标识发出数据的电脑和接收数据的主机的地址。也就是说,在网络底层的物理传输过程中,是通过物理地址来识别主机的,它一般也是全球唯一的。比如,著名的以太网卡,其物理地址是 48bit(比特位)的整数,如:44-45-53-54-00-00,以机器可读的方式存入主机接口中。以太网地址管理机构(IEEE)将以太网地址,也就是 48 比特的不同组合,分为若干独立的连续地址组,生产以太网网卡的厂家就购买其中一组,具体生产时,逐个将唯一地址赋予以太网卡。所以,MAC 地址就如同我们身份证上的身份证号码一样,具有全球唯一性。

MAN(Metropolitan Area Network,城域网)　MAN(城域网)是一种主干网络,它覆盖一个城市区域,并且由地方或国家来管理。电信局、电缆服务公司和其他提供商,对需要在城市范围内建造跨越公共可通行区域网络的公司,提供 MAN 服务。MAN 局限在本地呼叫区域,它建立在拨号总线结构上。MAN 可以提供一些服务,例如 LAN 对 LAN 连接、PBX 连接、直接工作站连接和大型计算机连接等。也就是说,MAN 是一种集成音频和数据的网络。

Megabyte(MB,兆字节)　度量单位。相当于 1024KB 或 1 048 576 个字节的信息、存储空间或内存。

Megahertz(MHz,兆赫)　频率单位。每秒 1 000 000 次周期地变化极性。计算机系统的主 CPU 时钟频率就是以兆赫为单位的。

Memory(内存)　计算机信息存储区域。内存由芯片(集成电路)或其他组件构成。内存可以分为两类:只读内存(ROM)和随机访问内存(RAM)。ROM 数据不能随意更新,但是在任何时候都可以读取。即使是断电,ROM 也能够保留数据。而 RAM 则在任何时候都可以读写,因此 RAM 通常用作操作系统或其他正在运行的程序的临时存储介质(可称作系统内存)。不过掉电时 RAM 不能保留数据,如果需要保存数据,就必须将它们写入到一个长期的存储器中(例如硬盘)。正因为如此,有时也将 RAM 称作"可变存储器"。

Microprocessor(微处理器)　计算机中央处理器单元。其中包含了一个集成电路芯片。

MIDI(Musical Instrument Device Interface,音乐设备数字接口)　这种接口技术的作用就是使电子乐器与电子乐器,电子乐器与电脑之间通过一种通用的通信协议进行通信,这种协议自然就是 MIDI 协议了。对于搞计算机的人来说,不妨把 MIDI 理解成一种局域网,网络的各个部分通过专用的串行电缆(MIDI 线)连接,并以 31.25KB/秒的速度传送数字音乐信息。

Milliwatt(mW,毫瓦)　电源度量单位,相当于千分之一瓦。

Modem(调制解调器)　调制解调器是为数据通信的数字信号在包含有限带宽的模拟信道上进行远距离传输而设计的,它一般由基带处理、调制解调、信号放大和滤波、均衡等几部分组成。调制是将数字信号与音频载波组合,产生适合于电话线上传输的音频信号(模拟信号);解调是从音频信号中恢复出数字信号。调制解调器一般分为外置式、内置式和 PC 卡式三种。可通过电话线或专用网缆,外置调制解调器与计算机串行接口;内置式调制解调器直接插在计算机扩展槽中;PC 卡式则在笔记本计算机采用,直接插在标准的 PCMCIA 插槽中。调制解调器的性能及速率直接关系到联网以后传输信息的速度,调制解调器的速率有 14.4K、19.2K、28.8K、33.6K 和 56K 等,由于其传输速率很低,所以现在基本上已经很少用到了。

Motherboard(主板)　计算机系统的主要部件或系统板。它包含在 CPU、内存和输入/输出设备之间通信所必需的插头、组件和接口电路等。

Multitasking(多任务处理)　多任务处理可以分协同多任务处理和抢占式多任务处理。协同多任务处理是指在一个多任务处理环境下,只有当其他程序认可时,一个运行程序才可获得处理器时间。每一个应用程序必须协同地放弃对处理器的控制,以便其它应用程序运行。Mac OS 8 和 Mac OS 9 都是协同多任务处理环境。抢占式多任务处理是多任务处理的一种形式。必要时,操作系统可以中断当前正运行的任务以便运行另一个任务。

Network(网络)　多个系统连接在一起,以便分享信息或资源。

Network Interface Card(网络接口卡或 NIC)　将计算机连接到有线网络的插卡,有 ISA、PCI 等总线规格。另外,无线 PC 网卡可取代有线网卡。

Ni-cad Battery(镍镉电池)　镍镉电池是最早应用于手机、笔记本电脑等设备的电池种类,它具有良好的大电流放电特性、耐过充放电能力强、维护简单。镍镉电池最致命的缺点是,在充放电过程中如果处理不当,会出现严重的"记忆效应",使得服务寿命大大缩短。所谓"记忆效应"就是电池在充电前,电池的电量没有被完全放尽,久而久之将会引起电池容量的降低,在电池充放电的过程中(放电较为明显），会在电池极板上产生些许的小气泡，日积月累这些气泡减少了电池极板的面积也间接影响了电池的容量。当然，我们可以通过掌握合理的充放电方法来减轻"记忆效应"。此外，镉是有毒的，因而镍镉电池不利于生态环境的保护。众多的缺点使得镍镉电池已基本被淘汰出数码设备电池的应用范围。

镍镉电池的包装分为零售用的正极凸头和组装用的正极平头包装两种，在容量上没有差异。在充电回路也和下面所介绍的镍氢电池类似，采用 1.6 倍电压充电。通常镍镉电池的充电次数为 300～800 次，在充放电达 500 次后电容量会下降至约 80%。镍镉电池的记忆效应比镍氢电池来的严重。所以必须在完全没电时才可进行充电，以确保使用寿命。

Noninterlaced Operation（逐行运行） 在显示屏上显示图像元素的方法。该方法的特点是以逐行扫描显示图像。请参阅 Interlaced Operation（隔行运行）条目。

NT File System（NTFS，NT 文件系统） 微软 Windows NT 内核的、由系列操作系统支持的、一个特别为网络和磁盘配额、文件加密等管理安全特性设计的磁盘格式。随着以 NT 为内核的 Windows 2000/XP 的普及，很多个人用户开始用到了 NTFS。NTFS 也是以簇为单位来存储数据文件，但 NTFS 中簇的大小并不依赖于磁盘或分区的大小。簇的缩小不但降低了磁盘空间的浪费，还减少了产生磁盘碎片的可能。NTFS 支持文件加密管理功能，可为用户提供更高层次的安全保证。

Omnidirectional Antenna（全方位天线） 可以全方位接收和发射信号的天线。

Online（在线） 也称为"联机"，是指通过调制解调器或网络连接使用其他系统上的数据或服务。

Online Services（在线服务） 在联机状态下提供的服务（多数是商业性的）。在线服务可以处理多个用户的操作请求，提供诸如电子邮件、在线游戏、即时通信、上传和下载之类的服务。

Operating System（操作系统） 请参阅 DOS（磁盘操作系统）条目。

OS/2 操作系统 32 位多任务、图形用户界面操作系统。它由 Microsoft 公司开发，后来卖给了 IBM 公司，并且由 IBM 提供技术支持。

Parallel Port（并行接口） 简称"并口"，也就是 LPT 接口，是采用并行通信协议的扩展接口。并口的数据传输率比串口快 8 倍，标准并口的数据传输率为 1Mbps，一般用来连接打印机、扫描仪等。所以并口又被称为打印口。

Parameter（参数） 在调用程序时提供的信息。在程序运行时也可以提供参数，指定其运行方式、要打开的文件、磁盘、路径等类似属性。

Parity（奇偶校验位） 在数据存储和传输中，字节中额外增加一个比特位，用来检验错误。它常常是从两个或更多的原始数据中产生一个冗余数据，冗余数据可以从一个原始数据中进行重建。不过，奇偶校验数据并不是对原始数据的完全复制。在 RAID 中，这种方法可以应用到阵列中的所有磁盘驱动器上。奇偶校验位还可以组成专用的奇偶校验方式,在专用奇偶校验中,奇偶校验数据可分布在系统中所有的磁盘上。如果一个磁盘发生故障,可以通过其它磁盘上的数据和奇偶校验数据重建出这个故障磁盘上的数据。

Partition(分区) 分区是指根据使用需要,将硬盘分成不同的区域来存放数据,以加快读写数据的时间。分区需要使用 DOS FDISK 工具。在分区以后要对硬盘进行格式化才能使用硬盘。

Path(路径) DOS 路径参数。该参数存储在 DOS 环境中并作为其中的一部分。例如,当用户调用某个命令或程序时,如果当前路径下不存在该命令,则可以通过 Path 路径参数指定的路径继续搜索,如果存在,则执行该命令。请参阅 Environment(环境参数)条目。

PCMCIA(PC 机内存卡国际联合会)规范 PCMCIA 是专门用在笔记本或 PDA、数码相机等便携设备上的一种接口规范(总线结构)。也就是笔记本网卡通常都支持 PCMCIA 规范,而台式机网卡则不支持此规范。PCMCIA 定义了三种不同尺寸的卡,它们的长宽都是 85.6×54mm,只是在厚度方面有所不同。Type Ⅰ是最早的 PC 卡,厚 3.3mm 主要用于 RAM 和 ROM;Type Ⅱ将厚度增至 5.5mm,适用范围也大大扩展,包括大多数的调制解调器、传真调制解调器、LAN 适配器以及其它电气设备;Type Ⅲ则进一步增大厚度到 10.5mm,这种 PC 卡主要用于旋转式的存储设备(例如硬盘)。PCMCIA 的主要优势是可以带电插拔,配合适当软件后可以实现即插即用。

PDA(Personal Digital Assistant,个人数字助理) 集中了计算、电话、传真和网络等多种功能的手持设备。它不仅可用来管理个人信息(如通讯录、计划等),还可以上网浏览、收发电子邮件、发送传真,甚至还可以当作手机来用。所有这些功能都可以通过无线方式实现。PDA 发展的趋势和潮流就是计算、通信、网络、存储、娱乐、电子商务等多功能的融合。PDA 一般都不配备键盘,而用手写输入或语音输入。PDA 所使用操作系统主要有 Palm OS、Windows CE 和 EPOC 等。

Pentium(奔腾) 64 位 Intel 微处理器。运行频率在 60~266＋MHz,是包含 16k 指令缓存的浮点处理器。

Peripheral Component Interconnect(PCI,外设部件互连标准) 由 Intel 开发的 CPU 和 I/O 设备之间的标准接口。它是个人电脑中使用最为广泛的接口,几乎所有的主板产品上都带有这种插槽。

Pixel(像素) 图像元素的简称。它是由显卡和显示器根据屏幕分辨率控制的单个小点或显示项。例如,如果你使用的是 24 英寸宽屏显示器,那么默认最高分辨率为 1920×1200 像素,也就是说,显示器横向被划分为 1920 个小点,纵向被划分为 1200 个小点。在屏幕尺寸相同的条件下,显示的像素数目越多,则图像越清晰。

Plug and Play(PnP,即插即用) 即插即用就是在插入新的硬件时不必为此硬件安装驱动程序,因为系统里面里已经附带了它的驱动程序,可以立即使用。即插即用是指在计算机关机的情况下将硬件添加到计算机的硬件系统中,它需要断电,不可以在计算机运行中添加,而热插拔就不一样了,它可以在计算机运行过程中添加新的外部硬件,不需要关机和断电。

Power Over Ethernet(PoE,以太网供电) PoE 指的是在现有以太网 Cat.5 布线基础架构不作任何改动的情况下,在为一些基于 IP 的终端(如 IP 电话机、无线局域网接入点 AP、网络摄像机等)传输数据信号的同时,还能为此类设备提供直流电的技术。PoE 技术能在确保现有结构化布线安全的同时保证现有网络的正常运作,最大限度地降低成本。

Pointing Device(指点设备) 由于受到体积上的限制,笔记本电脑的主要输入设备鼠标和键盘都与台式机有一些区别。目前笔记本电脑内置的指点设备有四种,它们分别是轨迹球、触摸屏、触摸板和指点杆,其外观都与标准鼠标大相径庭,但功能是一致的。

POST(Power On Self Test,开机自检) POST 指系统在接通电源后执行一个自我检查的例行程序,包括对 CPU、主板、基本的 640K 内存、1M 以上的扩展内存、系统的 ROM、BIOS 的测试;CMOS 中系统配置的校验;初始化视频控制器,测试视频内存,检验视频信号和同步信号,对显示器接口的测试;对键盘、软驱、硬盘、光驱作检查,对串口、并口作检查,检查通过后发出"哔"一声,然后才能进入系统的启动。

PPP(Point-to-Point Protocol,点对点协议) 是 TCP/IP 网络协议集合中的一个子协议,主要用来创建电话线路以及 ISDN 拨号接入 ISP 的连接,具有多种身份验证方法、数据压缩和加密以及通知 IP 地址等功能。PPP 协议是 SLIP 协议的替代协议,在功能上没有太大的区别。目前国内宽带多采用 ADSL 接入方式,该方式的连接是通过 PPPoE(以太网上的点对点协议)和宽带调制解调器(比如 ADSL Modem)建立的,它可以实现高速宽带网的个人身份验证访问,为每个用户创建虚拟拨号连接,并以 512KB/s~8MB/s 的速率连接到 Internet。

Program(程序) 给计算机提供的一组指令,指定计算机要执行的操作。程序可以通过多种计算机语言创建或编写。

RAM(Random Access Memory,随机存取内存) 内存的一种。由计算机 CPU 控制,是计算机主要的储存区域,指令和资料暂时存在这里。RAM 是可读可写的内存,它帮助 CPU 工作,从键盘或鼠标之类的来源读取指令,帮助 CPU 把数据写到同样可读可写的辅助内存,方便日后取用,也能主动把数据送到输出装置,例如打印机、显示器等。RAM 的大小会影响到计算的速度,RAM 越大,所能容纳的数据越多,则 CPU 读取的速度也就越快。

RAM Disk/RAM Drive(内存虚拟盘)　将内存划分出一块来虚拟为磁盘空间,这就是内存虚拟盘。使用 Windows 98 系统盘启动之后就会建立一个内存虚拟盘,用来存放常用的文件,提高运行速度。当计算机重新启动或关闭电源时,内存虚拟盘中的数据也将随之丢失。

RETURN(回车键)　请参阅 Enter(回车键)条目。

Router(路由器)　路由器是互联网络中必不可少的网络设备之一。所谓"路由",是指将数据从一个地方传送到另一个地方,而路由器正是执行这种任务的设备,其基本功能包括以下几方面:

网络互连:路由器支持各种局域网和广域网接口,主要用于互连局域网和广域网,实现不同网络之间的互相通信;

数据处理:提供包括分组过滤、分组转发、优先级、复用、加密、压缩和防火墙等功能;

网络管理:路由器提供包括路由器配置管理、性能管理、容错管理和流量控制等功能。

RSSI(Received Signal Strength Indicator,接收信号的强度指示)　接收机测量电路所得到的接收机输入的平均信号强度指示。这一测量值一般不包括天线增益或传输系统的损耗。许多无线集成电路都提供了这项功能。

SATA(Serial ATA、Serial AT-Attachment,串行 ATA 接口)　SATA 是一种完全不同于并行 ATA 的新型硬盘接口类型,由于采用串行方式传输数据而得名。SATA 总线使用嵌入式时钟信号,具备了更强的纠错能力,与以往相比其最大的区别在于能对传输指令(不仅仅是数据)进行检查,如果发现错误会自动矫正,这在很大程度上提高了数据传输的可靠性。串行接口还具有结构简单、支持热插拔的优点。Serial ATA 1.0 定义的数据传输率可达 150Mbps,这比最快的并行 ATA(即 ATA/133)所能达到的 133Mbps 的最高数据传输率还高,而 SATA Ⅱ 的数据传输率则已经高达 300Mbps。

SCSI(Small Computer System Interface,小型计算机系统专用接口)　顾名思义,这是为小型计算机设计的扩充接口,它可以让计算机加装其他外部设备以提高系统性能或增加新的功能,例如硬盘、光驱、扫描仪等。早期的计算机依速度、功能被区分为大型主机、小型计算机、微型计算机等多种等级。部分小型工作站、服务器属于小型计算机,而个人计算机属于微型计算机,因此当时使用 SCSI 接口的机种也以工作站、服务器等中高档设备为主。近年来则因为个人计算机性能、扩充需求均大增,使 SCSI 在个人电脑中的应用也越来越多。

Serial Port(串行接口)　简称串口,也就是 COM 接口,是采用串行通信协议的扩展接口。串口的出现是在 1980 年前后,数据传输率是 115Kbps～230Kbps。串口一般用来连接鼠标和外置调制解调器以及老式摄像头和写字板等设备。串口不仅速度有限,而且在使用上也很不方便,例如不支持热插拔等。随着 USB 接口的普及,目前部分新主板已开始取消该接口。

Shadow RAM(影子内存)　这是为了提高计算机系统效率而采用的一种专门技术。因为 BIOS 使用的 ROM 比我们使用的普通内存 RAM 要慢很多,所以人们就想出在启动后把 BIOS 的 ROM 里面的信息拷贝到我们插的内存条(RAM)里来,提高读取速度,而在 RAM 里的这些 BIOS 信息就叫做 BIOS 影子内存。当需要访问 BIOS 时,只需访问影子内存而不必再访问 ROM,这就大大提高了计算机系统的运行性能。通常访问 ROM 的时间在 200ns 左右,而访问 RAM 的时间则小于 100ns、60ns,甚至更短。在计算机系统运行期间,读取 BIOS 中的数据或调用 BIOS 中的程序模块的操作将是相当频繁的,采用了影子内存技术之后,无疑大大提高了工作效率。

Shareware(共享软件)　共享软件是以"先使用后付费"的方式销售的享有版权的软件。根据共享软件作者的授权,用户可以从各种渠道免费得到它的拷贝,也可以自由传播它。用户总是可以先使用或试用共享软件,认为满意后再向作者付费;如果你认为它不值得你花钱买,则可以停止使用。共享软件在未注册之前通常会有一定的功能限制,如使用时间限制、次数限制、功能不完全等。用户在试用共享软件认为满意后,可以向软件作者支付一定的注册费用,获得该软件相应版本的使用授权,即成为正式版用户。根据相应共享软件开发者的承诺,正式版用户可以享受到相应的待遇,包括:版本升级、技术服务、疑问解答等。

SIMM(Single Inline Memory Module,单列直插内存模块)　内存条通过金手指与主板连接,内存条正反两面都带有金手指。金手指可以在两面提供不同的信号,也可以提供相同的信号。SIMM 就是一种两侧金手指都提供相同信号的内存结构,在内存发展进入 SDRAM 时代之后,SIMM 逐渐被 DIMM 技术所取代。请参阅 DIMM(Dual In-line Memory Module,双列直插内存模块)条目。

Software Interrupt(软件中断)　软件中断其实并不是真正的中断,它们只是可被调用执行的一般程序。例如:ROMBIOS 中的各种外部设备管理中断服务程序(键盘管理中断、显示器管理中断、打印机管理中断等),以及 DOS 的系统功能调用(INT 21H)等都是软件中断。

Spectrum Analyzer(频谱分析仪)　频谱分析仪主要的功能是显示输入信号的频谱特性。根据信号处理方式的不同,频谱分析仪一般可以分为两种类型:即时频谱分析仪和扫描调谐频谱分析仪。它们是昂贵的专业测试设备,一般被工程师用来帮助设计和调谐无线电设备。

SRAM(Static Random Access Memory,静态随机存储器)　SRAM 是存取速度非常快(小于 50ns),当然也有点贵的内存,它不需要刷新环节就可以保持所存储的内容。一般用在要求很苛刻的地方,譬如 CPU 的一级缓存、二级缓存。和

SRAM 相对应的是动态 RAM(Dynamic RAM/DRAM),DRAM 保留数据的时间很短,需要不断刷新,速度也比 SRAM 慢,不过它还是比任何的 ROM 都要快,从价格上来说,DRAM 相比 SRAM 要便宜很多,计算机内存就是一种 DRAM。

Surface Scan(磁盘表面扫描) 读取和验证存储在磁盘上的数据的过程。运行磁盘表面扫描可以确定其可靠性和准确性,它通常是磁盘诊断程序进行测试或数据还原操作的一部分。

Sysop(System operator,系统操作员) Sysop 有时也被称为系统管理员或系统工程师。他们的主要职责是维护计算机系统(特别是大型主机)的正常运行。

System Attribute(系统属性)**或 System File**(系统文件) 请参阅 Attributes(属性)条目。

TDMA(Time Division Multiple Access,时分多址) TDMA 就是把时间分割成周期性的帧,每一帧再分割成若干个时隙(无论帧或时隙都是互不重叠的),再根据一定的时隙分配原则,使各个移动台在每帧内只能按指定的时隙向基站发送信号,在满足定时和同步的条件下,基站可以分别在各时隙中接收到各移动台的信号而不混扰。同时,基站发向多个移动台的信号都按顺序安排。在预定的时隙中传输,各移动台只要在指定的时隙内接收,就能在合路的信号中把发给它的信号区分出来。

TSR(Terminate-and-Stay-Resident Program,内存驻留程序) 在 DOS 下通过 CONFIG.SYS 加载到高端内存块的程序,常驻内存。TSR 程序可以自动提供服务,或者通过某个特殊的按键序列(也就是所谓的"热键")激活。设备驱动程序(MOUSE、ANSI、SETVER)和磁盘缓存、RAM 虚拟磁盘和 Print Spooler 等都构成自动 TSR 程序。而抓屏程序则是典型的通过热键激活的 TSR 程序。

Twisted-pair Cable(双绞线) 由两根相互绝缘的导线按照一定的规格互相缠绕(一般以顺时针缠绕)在一起而制成的一种通用配线,属于信息通信网络传输介质。双绞线网是目前最常见的连网方式。它价格便宜,安装方便,但易受干扰,传输率较低,传输距离比同轴电缆要短。双绞线过去主要是用来传输模拟信号的,但现在同样适用于数字信号的传输。

UAR/T(Universal Asynchronous Receiver/Transmitter,非同期接收发送器) 一种串行非同期数据接收发送器,主要用在计算机或手机等通信设备中。UAR/T 把以字节(byte)为单位的并行数据变换成以位(bit)为单位的串行数据,在并行通信设备和串行通信设备之间起到一个转换器的作用。UAR/T 在通信时,发送器首先传送一个开始位(Start Bit)开始,来通知接收器将要传送数据,使得接收器与发送器同步。开始位之后是多个数据位,数据位是以低位开始传送的。当所有的数据位都传送完毕时,发送器产生一个校验位(Parity Bit)。最后,发送器发送一个结束位(Stop Bit)告诉接收器传送结束,接收器可以使用校验位检测接受的数据是否出错。如果接收器没有收到结束位,将会报告出错。

UNIX 操作系统　高性能的多任务操作系统。由于 Unix 操作系统众所周知的稳定性、可靠性,用来提供各种 Internet 服务的计算机运行的操作系统占很大比例的是 Unix 及 Unix 类操作系统。目前比较常见的运行在 PC 机上的 Unix 类操作系统有 BSD Unix、Solaris x86、SCO Unix 等。

Upload(上传)　将本地计算机上的信息或数据传送到其他位置的过程,通常需要连接到网络。

USB Key(USB 智能卡)　目前市场主要有两大类的 USB Key 供应商。一种是以前研发销售软件加密器(俗称"软件狗")的厂商。以前软件狗主要是采用计算机并口,在 USB 口普及后厂家开发了 USB 口的软件狗。许多厂家在此基础上开发了针对网络安全、身份认证的 USB Key。基于软件狗原理的 USB Key 大多只有一个芯片,而且不是 IC 卡类的芯片,在安全性方面较差。另一种是原先的卡厂或系统商根据读写器加 IC 卡安全模块的原理开发的 USB Key 产品。此类 USB Key 主要由两个芯片组成,一是带 USB 通信接口的单片机,主要功能是负责 USB 通信,另一个是 IC 卡芯片或安全模块(SAM)。安全模块的主要是发挥存放密钥、加密解密计算等安全功能。由于采用的是为安全特制的 IC 卡专用芯片或模块,因此安全性高。USB Key 目前主要用途是三种:一是作为软件狗使用,保护软件版权。主要是一些小的软件开发商使用,属于低端应用。二是配合 PC 使用作为计算机的钥匙,目前此类应用不少但未形成趋势。三是作为网上安全的电子证书容器及身份识别标志使用。此类应用目前最多而且是未来的一种发展趋势,而且许多国内国际的规范也已经制定。

USB(Universal Serial Bus,通用串行总线)　电脑系统连接外围设备(如键盘、鼠标、打印机等)的输入/输出接口标准。最多可连接 127 台外设。由于 USB 支持热插拔、即插即用的优点,所以 USB 接口已经成为计算机的标准接口。USB 目前有两个版本,USB1.1 的最高数据传输率为 12Mbps,USB2.0 则提高到 480Mbps。注意:这里的 b 是 Bit(位)的意思,1MB/s(兆字节/秒)－8Mbps(兆位/秒),所以 12Mbps 实际上相对应 1.5MB/s。二者的物理接口完全一致,数据传输率上的差别完全由计算机的 USB host 控制器以及 USB 设备决定。

VGA(Video Graphics Array,视频图形阵列)**接口**　显卡所处理的信息最终都要输出到显示器上,显卡的输出接口就是电脑与显示器之间的桥梁,它负责向显示器输出相应的图像信号。CRT 显示器因为设计制造上的原因,只能接受模拟信号输入,这就需要显卡能输入模拟信号。VGA 接口就是显卡上输出模拟信号的接口,也叫 D-Sub 接口。虽然液晶显示器可以直接接收数字信号,但很多低端产品为了与 VGA 接口显卡相匹配,因而采用 VGA 接口。VGA 接口是一种 D 型接口,上面共有 15 针空,分成三排,每排五个。VGA 接口是显卡上应用最为广泛的接口类型,多数的显卡都带有此种接口。

Video Adapter Card(显卡) 显卡又称为视频卡、视频适配器、图形卡、图形适配器和显示适配器等,是在计算机的输入/输出系统和显示设备之间的接口卡。其作用是控制电脑的图形输出,负责将 CPU 送来的影像数据处理成显示器可识别的格式,再输出到显示器形成图像。显卡主要由显示芯片、显存、数模转换器、VGABIOS 以及各方面接口等部分组成。

Video Memory(显存) 显卡本身拥有存储图形、图像数据的存储器,这样,计算机内存就不必存储相关的图形数据,因此可以节约大量的空间。显存以标准的大小提供:16MB、32MB、64MB、128MB、256MB 和 512MB 等。显存的大小决定了显示器分辨率的大小及显示器上能够显示的颜色数。一般来说,显存越大,渲染及2D 和 3D 图形的显示性能就越高。

Virtual Disk(虚拟磁盘) 请参阅 RAM disk(内存虚拟盘)条目。

Virtual Memory(虚拟内存) 虚拟内存可以使用硬盘空间做内存来弥补计算机 RAM 空间的缺乏。当物理内存用完后,虚拟内存管理器选择最近没有用过的、低优先级的内存部分写到交换文件上。这个过程对应用程序是隐藏的,应用程序把虚拟内存和实际内存看作一样的。由于读写硬盘的速度大大慢于读写实际内存的速度。所以,当操作系统在没有足够内存需要使用虚拟内存的时候,程序运行就会变慢。虚拟内存是文件数据交叉链接的活动文件,其文件名为 Win386.swp,默认情况下保存在系统 WINDOWS 目录下,你也可以通过设置改变其保存的路径。

VPN(Virtual Private Network,虚拟专用网) 通过一个公用网络(通常是Internet)建立一个临时的、安全的连接,是一条穿过混乱的公用网络的安全、稳定的隧道。虚拟专用网是对企业内部网的扩展。虚拟专用网可以帮助远程用户、公司分支机构、商业伙伴及供应商同公司的内部网建立可信的安全连接,并保证数据的安全传输。

WAN(Wide Area Network,广域网) 一种跨地区的数据通信网络,通常包含一个国家或地区。广域网通常由两个或多个局域网组成。计算机通常使用电信运营商提供的设备作为信息传输平台,例如通过公用网连接到广域网,也可以通过专线或卫星连接。Internet 是目前最大的广域网。

War-chalking、war-walking、war-driving(免费无线上网的 3 种人)

War Chalking: 那些没有时间或条件上网站的人,怎么知道哪里可以免费无线上网呢?热心的人发明了一些专门的记号,只要看到这些记号就表示可以无线上网。这些记号大多是用粉笔画的,chalk 就是"粉笔"的意思,war chalking 因此得名。

War Walking 是指一边走一边找无线上网接入点的人。

War Driving 是指一边开车一边寻找无线上网接入点的人。带着专业的设备和软件,可以对无线网络进行辨识、定位和分类,还能把搜集来的免费接入点公布到一些网站里,以便其他网友了解哪里可以免费无线上网。

WEP(Wired Equivalence Privacy、有线等效保密协议) 针对在两台设备之间无线传输的数据进行加密的方式,用以防止非法用户窃听或侵入无线网络。WEP是 802.11b 标准中定义的一个用于无线局域网(WLAN)的安全性协议。WEP 被用来提供和有线 LAN 同级的安全性。但是 LAN 天生比 WLAN 安全,因为 LAN 的物理结构对其有所保护,部分或全部网络埋在建筑物里面可以防止未授权的访问。而经由无线电波的 WLAN 没有同样的物理结构,因此容易受到攻击、干扰。

WLAN(Wireless LAN,无线局域网) 通过无线电波(而不是以太网线缆)在客户端计算机、服务器和其他设备之间相互连接的网络。

Workstation(工作站) 依附于网络的用户计算机系统。工作站不需要包含软盘或硬盘驱动器,通过内置程序启动,依附于网络服务器,从服务器上获得所有的程序和数据文件。

WPA(WiFi Protected Access,无线保护访问) WPA 是一种基于标准的可互操作的 WLAN 安全性增强解决方案,可大大增强现有以及未来无线局域网系统的数据保护和访问控制水平。WPA 源于正在制定中的 IEEE802.11i 标准并将与之保持前向兼容。部署适当的话,WPA 可保证 WLAN 用户的数据受到保护,并且只有授权的网络用户才可以访问 WLAN 网络。WPA 改进了 WEP 所使用密钥的安全性的协议和算法。它改变了密钥生成方式,通过更频繁地变换密钥来获得安全。此外,它还增加了消息完整性检查功能来防止数据包伪造。

WWW(World Wide Web,万维网) 在 Internet 上以超文本为基础形成的信息网。万维网为用户提供了一个可以浏览的图形化界面,用户通过它可以查阅 Internet 上的信息资源。WWW 是通过互联网获取信息的一种应用,我们所浏览的网站就是 WWW 的具体表现形式,但其本身并不就是互联网,万维网只是互联网的组成部分之一。互联网常用的服务包括:WWW、E-mail、FTP、Usenet、IM 等。